Thomas Kramp

Zur Rolle der Hochschule in regionalen Innovationsansätzen

GRIN Verlag

Bibliografische Information der Deutschen Nationalbibliothek:

Die Deutsche Bibliothek verzeichnet diese Publikation in der Deutschen Nationalbibliografie; detaillierte bibliografische Daten sind im Internet über http://dnb.d-nb.de/ abrufbar.

Impressum:

Druck und Bindung: Books on Demand GmbH, Norderstedt Germany
ISBN: 978-3-640-43370-4

Zur Rolle der Hochschule in regionalen Innovationsansätzen

Thomas Kramp

Geografie (Dipl.)

Matrikelnummer

8. Fachsemester

Inhalt

Abbildungsverzeichnis

Tabellen- und Formelverzeichnis

1. Einleitung

In der folgenden Arbeit soll die Rolle der Hochschule in regionalen Innovationsansätzen betrachtet werden. Hierbei soll aber nicht nur die Funktion der Universität in regionalen Netzwerken im Vordergrund stehen, vielmehr soll auch die Bedeutung der Hochschule für die regionale Entwicklung dargestellt werden. Zunächst wird die Rolle bzw. Aufgabe einer Hochschule in der Regionalentwicklung untersucht, darauf aufbauend sollen der Angebots- und Nachfrageeffekt betrachtet werden. Beim Angebotseffekt wird, wegen der Bedeutung für Innovation und Wachstum in der regionalen Ökonomie, besonders auf den Wissenstransfer eingegangen. Darauf folgend wird ein Beispiel zum Angebotseffekt erläutert. Beim Nachfrageeffekt werden zunächst die Einkommens- und Beschäftigungseffekte der universitären Nachfrage dargestellt, anschließend soll noch kurz auf Analysemethoden zur Bemessung des Nachfrageeffektes eingegangen werden, gefolgt von einem Beispiel. Zwar scheint es keinen Zusammenhang zwischen universitärer Nachfrage und Innovationsansätzen zu geben, allerdings wäre es nicht richtig die Einkommens- und Beschäftigungsimpulse aufgrund einer Nachfrage durch die Universität außen vor zu lassen. Wie das Beispiel zeigen wird, können diese einen beträchtlichen Beitrag zur regionalen Entwicklung leisten. Am Ende wird versucht, in einem Fazit die Bedeutung und Rolle einer Universität in und für eine Region zu bestimmen.

1.1 Die Universität im Innovationssystem

In den 1970er Jahren setzte ein wirtschaftlicher Strukturwandel ein, welcher die Bedeutung technischer Innovation als Wettbewerbsfaktor erhöhte (Thomi, Werner, 2001, S. 202). Technische Innovationen stiegen damit zu einem integralen Bestandteil und Motor der wirtschaftlichen Entwicklung auf (ebd., S. 202) und Wissen gewann an zunehmender Bedeutung als Produktionsfaktor (Maier, Tödtling, 2006, S. 107). Innovationsfähigkeit wurde zu einer entscheidenden Determinante für ökonomische Stabilität und Wachstum einer Region (Backhaus, 2000, S. 1). Die positive wirtschaftliche Entwicklung einer Region ist heute in hohem Maße davon abhängig, ob die regionale Ökonomie in der Lage ist innovative Produkte zu entwicklen, welche auf Märkten monopolistischer Konkurrenz angeboten werden könne und das Erwirtschaften von Gewinnen ermöglichen (Rosner, 2006, S. 9). Diese Gewinne sind wiederum Voraussetzung für Erweiterungsinvestitionen und fortlaufende Innovation und damit für das Wachstum der regionalen Ökonomie (ebd.).

Aus diesem Grunde sind Innovationsfähigkeit und Innovationstätigkeit seit den 1980er Jahren immer stärker in den regionalökonomischen und wirtschaftsgeografischen Fokus gerückt und haben verschiedene neue oder veränderte theoretische Konzepte hervorgebracht (Backhaus, 2000, S. 1, vgl. Thomi, Werner, 2001, S. 203), welche stärker innovationsorientiert sind und auf die Förderung von Innovation und Technologie ausgerichtet sind (Maier, Tödtling, 2006, S. 159). Die verschiedenen Innovationssystemvarianten weisen eine Reihe von Gemeinsamkeiten auf (Maier, Tödtling, 2006, S. 114). Zu diesen zählt u.a. die Zusammenarbeit mit anderen Organisationen, zu denen auch nicht betriebliche Akteure, wie Universitäten zählen (ebd., S. 115). Forschungseinrichtungen nehmen innerhalb dieser Modelle entscheidende Funktionen wahr (Backhaus, 2000, S. 1). Die nachfolgende Abbildung zu den Grundstrukturen eines regionalen Innovationssystems zeigt beispielhaft die Elemente des Subsystems der Wissensgenerierung und Wissensdiffusion, zu dessen aufgeführtem Element der öffentlichen Forschungseinrichtung werden auch Universitäten gezählt (Maier, Tödtling, 2006, S. 117).

Abbildung 1: regionales Innovationssystem

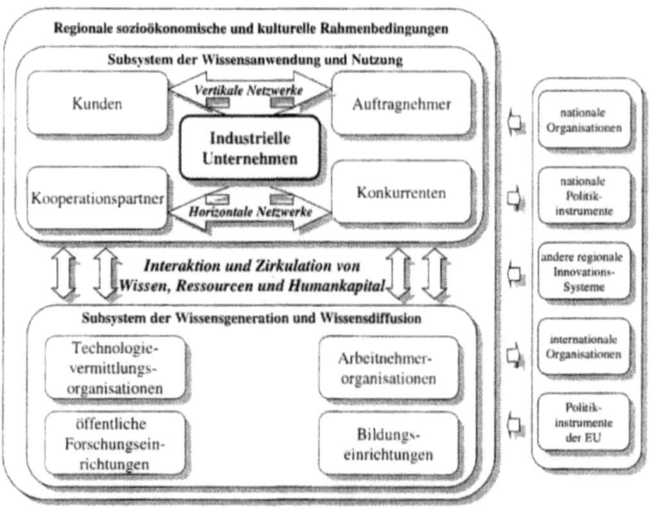

Quelle: Thomi, Werner, 2001, S. 210

Der Darstellung folgend sind Forschungseinrichtungen Lieferanten von Wissen, welches für die Innovationstätigkeit ein unentbehrlicher Produktionsfaktor ist (Backhaus, 2000, S. 1), dadurch kommt ihnen im regionalen Innovationsprozess eine herausragende Funktion zu, da sie Wissen bereitstellen und generieren können (Rosner, 2006, S. 8). Aus diesem Grunde werden von einer Hochschule auch Entwicklungsimpulse für die Herausbildung und Ausgestaltung eines Innovationssystems erwartet (Hagen, 2006, S. 34). Für eine wissensbasierte Regionalentwicklung stellen Forschungseinrichtungen somit die entscheidende Grundlage dar. Die Bedeutung von Forschungseinrichtungen zeigt sich auch im linearen bzw. nichtlinearen Innovationsmodell (vgl. Maier, Tödtling, 2006, S. 110). So steht am Anfang des linearen Innovationsmodells die Grundlagenforschung, hier kann ohne Weiteres die Universität als Ort der Grundlagenforschung verortet werden.

Abbildung 2: lineares Innovationsmodell

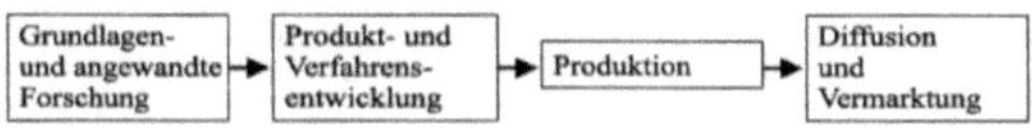

Quelle: Maier, Tödtling, 2006, S. 110

Während in der Abbildung 2 der Einfluss der Universität nur am Anfang des Innovationsprozesses gegeben zu sein scheint, finden sich im nichtlinearen Innovationsmodell dagegen in jeder Phase des Innovationsprozesses Verbindungen zu Forschungseinrichtungen (ebd.). Beide Modelle betonen damit die Bedeutung einer Universität für Innovation und damit für eine (wissensbasierte) Regionalökonomie (ebenso Backhaus, 2000, S. 12).

Abbildung 3: nichtlineares Innovationsmodell

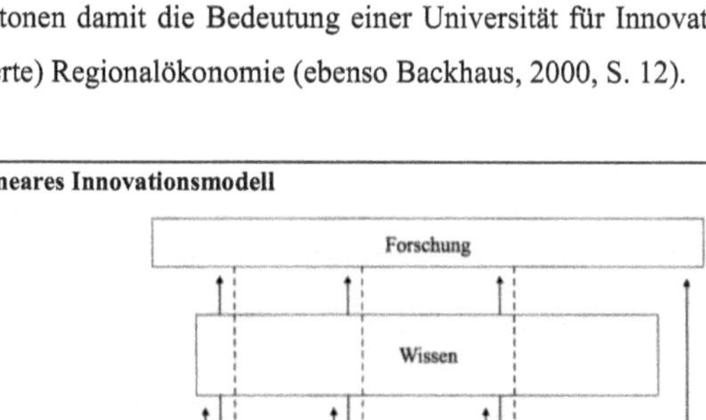

Quelle: Maier, Tödtling, 2006, S. 111

1.2 Die Hochschule in der Region

Von einer Wissenschaftseinrichtung können unterschiedliche wirtschaftliche Aktivitäten ausgehen, die folgende Tabelle soll eine Übersicht über diese geben (Clermont, 1997, S. 16).

Tabelle 1: regionalwirtschaftlich relevante Aktivitäten

Aktivität	Ausprägung
Nachfrage nach Produktionsfaktoren	- Arbeit - Vorleistungen - Investitionsgüter
Produktion von Output	- Absolventen - Forschungsergebnisse - Veranstaltungen (kulturelles und politisches Klima)
Bindung von Personengruppen an die Region	- Forschende und Lehrende - Studierende
Finanzierung des Betriebes	- Verwaltungseinnahmen (z. B. Zweitwohnsitzsteuer) - öffentliche und private Mittel aus der Region - öffentliche und private Mittel von außerhalb der Region

Quelle: Darstellung nach Clermont, 1997, S. 16

Die ökonomischen Effekte dieser Tätigkeiten sind in verschiedenen Bereichen nachweisbar, die nachfolgende Abbildung soll die Auswirkungen illustrieren (Glorius, Schultz, 2002, S. 1). Der Fokus wird im weiteren auf dem Angebots- und Nachfrageeffekt, d. h. die Nachfrage nach Produktionsfaktoren und die Produktion von Leistungen liegen. Die nachfolgende Abbildung fasst die regionalen Effekte einer Hochschule noch einmal zusammen und zeigt diese.

Abbildung 4: Effekte in der Region

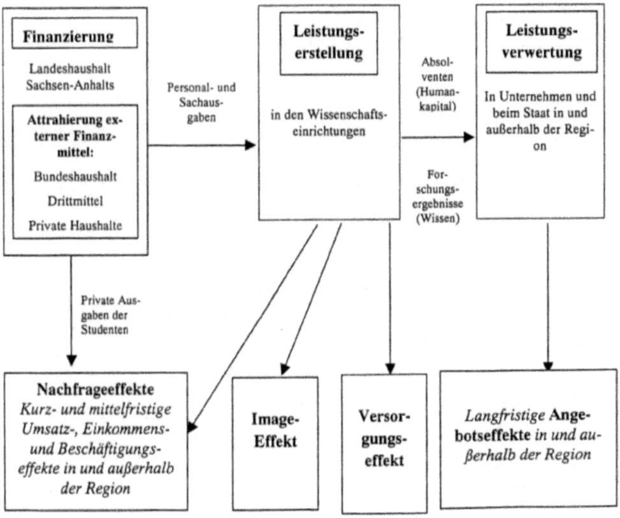

Quelle: Franz et al, 2002 S. 10

Eine andere, temporal orientierte, Unterscheidung der regionalwirtschaftlichen Auswirkung einer Hochschule ist die nach kurz- und langfristigen Effekten (Rosner, 2006, S. 4). Kurzfristig entstehen in einer Region ökonomische Effekte, indem Mittel verausgabt werden. Diese Ausgaben führen zu Nachfrage, Wertschöpfung und Einkommen, daneben lösen sie aber auch noch eine Nachfrage nach Vorleistungen aus, welchen wiederum zum Teil aus der Region stammt (ebd., S. 5). Diese kurzfristigen Effekte umfassen im Wesentlichen die Nachfrage- und Beschäftigungseffekte, welche von den Studierenden, den Mitarbeitern und den Hochschulen selbst ausgelöst bzw. induziert werden (ebd., S. 11). Sie werden im weiteren unter dem Begriff Nachfrageeffekte gestellt, da sie auf einen Nachfrageimpuls zurückzuführen sind (ebd.). Als langfristiger Effekt wird der Umstand bezeichnet, dass eine Region langfristig von Forschung und Lehre einer Hochschule profitiert (ebd., S. 7). Langfristig deswegen, weil diese gerade für das längerfristige Wachstumspotenzial einer Region von großer Bedeutung sind (ebd.). Eine dauerhafte Wirkung stellt sich dabei durch Ausgründungen, durch Ansiedlung von Instituten bzw. Unternehmen oder durch direkten Wissenstransfer und die Produktion von Humankapital ein (ebd.). Diese langfristigen Ergebnisse lassen sich auch unter dem Begriff Angebotseffekt betrachten (ebd., ebenso Hagen, 2006, S. 39). Die unten stehende Abbildung soll noch einmal die kurz- und langfristigen Effekte illustrieren.

Abbildung 5: kurz- und langfristige Effekte

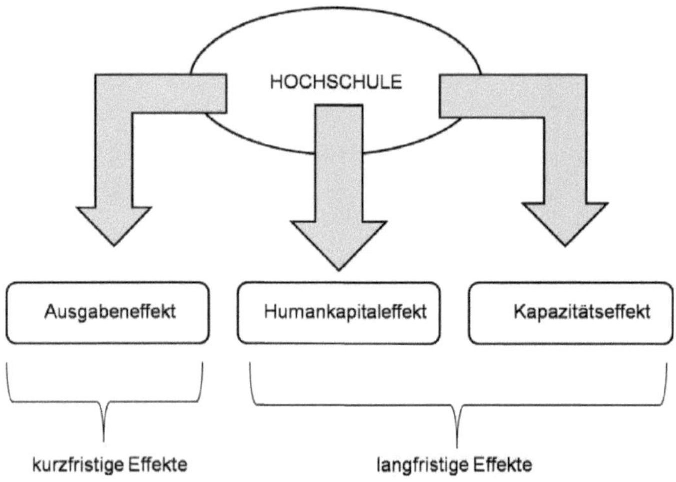

Quelle: Darstellung nach Rosner, 2006, S. 5

Mit Kapazitätseffekt ist hier die Stärkung der Unternehmensbasis und die Schaffung von qualifizierten Arbeitsplätzen, durch Ausgründung und Ansiedlung von Instituten und Unternehmen, gemeint (ebd. S. 7). Der Begriff Humankapitaleffekt steht in der Abbildung für hoch qualifizierte Hochschulabsolventen und deren große Bedeutung für einen Wachstumsprozess (ebd.). Die Abbildung auf der folgenden Seite zeigt noch einmal, beschränkt auf die Nachfrage und das Angebot, die regionalwirtschaftlichen Auswirkungen einer Hochschule.

Abschließend wird darauf hingewiesen, dass im weiteren die Begriffe Innovationsansatz, regionales Innovationsnetzwerk und Innovationsmilieu und kreatives Milieu synonym gebraucht werden. Begründung hierfür ist die enge Verknüpfung des Begriffes Innovation mit der Universität, wie sie bereits in der Einleitung anhand des linearen bzw. nichtlinearen Innovationsmodells dargestellt wurden.

Abbildung 6: universitäres Angebot und Nachfrage

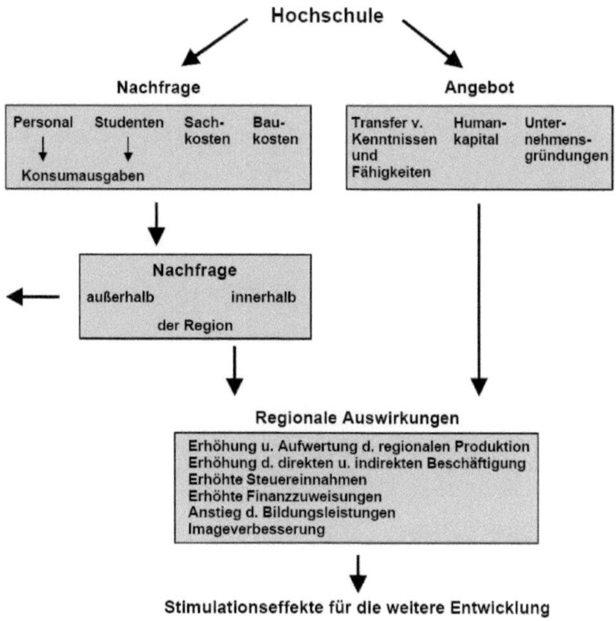

Quelle: Glorius, Schulz, 2002, S. 2

2. Der Angebotseffekt

In den angebotsorientierten Analysen der Auswirkungen einer Wissenschaftseinrichtung werden die regionalwirtschaftlichen Effekte des von einer wissenschaftlichen Einrichtung produzierten Outputs betrachtet (Clermont, 1997, S. 28). Es ist vor allem dieser angebotsseitige Effekt einer Wissenschaftseinrichtung, welcher die Innovationsfähigkeit regionaler Unternehmen positiv beeinflusst und langfristig zur positiven Entwicklung der regionalen Wirtschaft beiträgt (Roth, 2006, S. 39). Wie bereits in der Einleitung kurz angerissen, sind die Beiträge von Wissenschaftseinrichtungen, insbesondere in der frühen Phase des Innovationsprozesses, für Unternehmen wichtig (ebd.).
Im Bereich der Leistungserstellung (vgl. Abbildung 4) wird an einer Universität personengebundenes Wissen und nicht personengebundenes Wissen produziert (Franz et al, 2002, S. 12). Diese beiden Faktoren stellen als Humankapital und wissenschaftliches Wissen eine Möglichkeit dar, um die Produktions- und Angebotsmöglichkeiten der regionalen Wirtschaft zu verbessern (ebd.). Sie gehen als Absolventen bzw. als Forschungsergebnisse in das sogenannte regionale ``Wissenskapital`` ein und können dadurch Produktivitäts- bzw. Wachstumseffekte auslösen (Clermont, 1997, S. 16). Für den Umfang der Produktivitäts- und Wachstumseffekte ist natürlich das Ausmaß und die Intensität der Kontakte zwischen Wissenschaftseinrichtungen und regionalen Unternehmen entscheidend (ebd., S. 17).

2.1 theoretische Wirkung des Angebotseffekts

Der Begriff ``Wissenskapital`` bezeichnet ein theoretisches Konstrukt ohne reales Vorbild, welches den Umfang des in einer Region vorhandenen produktionsrelevanten Wissens angibt (Clermont, 1997, S. 16). Er eignet sich, um die theoretische Wirkung des durch die Universität zur Verfügung gestellten Wissens zu untersuchen. Hierfür wird eine regionale Produktionsfunktion verwendet (ebd., S. 28), wie sie auch in einer Vielzahl von Regionalmodellen vorkommt (ebd., S. 30). Diese beschreibt nur die Produktionsseite der regionalen Wirtschaft und stellt kein vollständiges Regionalmodell dar (ebd., S. 29). In die regionale Produktionsfunktion wird neben den Produktionsfaktoren Arbeit und Kapital noch der Produktionsfaktor ``Wissenskapital`` aufgenommen (ebd.). Eine derart modifizierte Produktionsfunktion findet sich bspw. in der endogenen Wachstumstheorie (Maier, Tödtling, 2006, S. 97).

So zeigt bspw. das Innovationsmodell nach Romer die Bedeutung des technischen Fortschritts für das Wirtschaftswachstum einer geschlossenen Volkswirtschaft (Schätzl, 2001, S. 203). Humankapital und Wissen sind hierbei die entscheidenden Wachstumsdeterminanten und bilden die Grundlage für Innovation (ebd.). Aus diesem Grunde lässt sich an einer um den Faktor Wissen erweiterten Produktionsfunktion gut dessen theoretische regionalökonomische Wirkung betrachten (ebenso Clermont, 1997, S. 30).

Formel 1: regionale Produktionsfunktion

$$Y = f\ (L, K)$$

erweitert um den Faktor Wissen

$$Y = A \times f(L, K, W)$$

totale Ableitung nach W

$$\frac{dY}{dW} = \frac{dA}{dW} \times f(L, K, W) + A \times \left(\frac{\partial f}{\partial L} \times \frac{\partial L}{\partial W} + \frac{\partial f}{\partial K} \times \frac{\partial K}{\partial W} + \frac{\partial f}{\partial W}\right)$$

***Y** = Output* *A = technisches Niveau*
***L** = Arbeit* *W = Wissenskapital*
***K** = Kapital*

Quelle: Darstellung nach Clermont, 1997, S. 29 und S. 30

Die totale Ableitung nach W ermöglicht die Unterscheidung verschiedener Wirkungskanäle des Wissenskapitals, diese sind in der folgenden Tabelle zusammengefasst (ebd., S. 31).

Tabelle 2: Wirkungen des Wissenskapital

Niveaueffekt	Wissenskapital wirkt direkt als ''Shift'' Parameter auf das technische Niveau A.
direkter Produktivitätseffekt	Wissenskapital wirkt unmittelbar auf den Output.

indirekter Produktivitätseffekte	Wissenskapital wirkt auf die Grenzproduktivitäten der privaten Faktoren Arbeit und Realkapital.

Quelle: Darstellung nach Clermont, 1997, S. 31

Forschungsergebnisse und Humankapital wirken zum einen direkt auf den Output, zum anderen wirken sie auch auf die Grenzproduktivität der Faktoren Arbeit und Kapital und auf das technische Niveau. In der von Romer verwendeten Produktionsfunktion, welche Wissen nur als Humankapital erfasst, kann es sogar dazu führen, dass bei ausreichendem Zuwachs von Humankapital der Mechanismus der sinkenden Grenzproduktivität des Kapitals außer Kraft gesetzt wird (Maier, Tödtling, 2006, S. 97). Diese sinkende Grenzproduktivität würde ansonsten das endogene Wachstum zum erliegen bringen, so wird aber ein langfristiger endogener Wachstumsprozess ermöglicht (ebd.). Das von der Universität zur Verfügung gestellte Wissen wird damit zum Motor einer langfristigen Wirtschaftsentwicklung, jenseits von Arbeit und Kapital.

Eine öffentliche Forschungseinrichtung wirkt demzufolge als Wissensgeber für den Innovationsinput (Backhaus, 2000, S. 22).Hierbei lassen sich drei Hauptsegmente unterteilen (ebd.). Zentraler und elementarer Bereich ist die Bereitstellung des für den Innovationsprozess benötigten wissenschaftlichen Personals (ebd.). Ein weiteres Sachgebiet ist die Grundlagen- und angewandte Forschung, d. h. die Generierung und Bekanntmachung von Wissen (ebd.). Drittes Segment ist die Unterstützung von Unternehmen bei praxisrelevanten Problemlösungen durch verschiedene Formen der Zusammenarbeit (ebd.). Die folgende Tabelle zeigt die drei Funktionen einer Universität mit ihren praktischen Umsetzungen.

Tabelle 3: Hochschulen als Wissensgeber

Qualifizierung von Humankapital	- Ausbildung des wissenschaftlichen Nachwuchses in Lehre und Forschung - Aus- und Weiterbildung - Initiierung informeller Kontaktmöglichkeiten - Unternehmensgründungen aus Forschungseinrichtungen
Grundlagen und angewandte Forschung	- Durchführung von Grundlagenforschung - Durchführung praxisrelevanter, zukunftsfähiger angewandter Forschung

	- Generierung neuen Wissens
Dienstleistungen	- Zusammenarbeit mit Unternehmen, Dienstleistern etc. - Veröffentlichung von Forschungsergebnissen

Quelle: Darstellung nach Backhaus, 2000, S. 22

Wie aus der obenstehenden Tabelle hervorgeht, gibt es verschiedene Formen der Übertragung des Wissens in die regionale Wirtschaft. Diese Übertragung des Wissens wird als Wissenstransfer bezeichnet (Roth, 2006, S. 44). Aufgrund der Bedeutung des Wissenstransfers für die Wirkung des universitären Angebotes, soll er im folgenden Abschnitt soll näher erläutert werden.

2.2 Wissenstransfer

Wissenstransfer stellt einen Prozess der Wissensabgabe durch einen Absender zur Stärkung des Wissenspotenzials eines Empfängers dar (Hecht, 2000, S. 143). Er kann durch Kontakte und Kooperationen, durch Ausgründungen oder durch Ausbildung bzw. Humankapitaltransfer erfolgen (Rosner, 2006, S. 98, 99). Die auf der folgenden Seite stehende Abbildung soll die verschiedenen Formen des Wissenstransfers, als Oberbegriff für Austauschbeziehungen zwischen Wissenschaft und Wirtschaft (Franz et al, 2002, S. 81), und ihre erwarteten regionalökonomischen Effekte zeigen. Auch zeigt sich in der Abbildung die große inhaltliche Übereinstimmung der Begriffe Angebotseffekt und Wissenstransfer (vgl. Abbildung 6). Der Vorgang der Wissensübertragung sollte aber, entgegen der unten stehenden Abbildung, nicht als einseitig verstanden werden (Backhaus, 2000, S. 21). Vielmehr ist es so, dass analog zum linearen Innovationsmodell beide Seiten vom Wissenstransfer profitieren und ihre jeweilige Wissensbasis ausbauen, um ihre eigene Innovationsfähigkeit zu verbessern und damit ihre Wettbewerbsfähigkeit zu steigern (Roth, 2006, S. 46). Wissenstransfer kann entweder von den Nachfragern (Unternehmen) oder den Anbietern (Forschungseinrichtungen) eingeleitet werden (ebd., S. 48). Falls eine Wissensabgabe bzw. ein Transferprozess erfolgt und dieses Wissen zur Anwendung kommt kann es, wie in Abbildung 7 dargestellt, u.a. einen Beitrag zu Firmengründungen, einer Steigerung des technologischen Niveaus, neuen Arbeitsplätzen bzw. Einkommen oder einem verbesserten regionalen Image leisten (Hecht, 2000, S. 144). Für den

Umfang der Produktivitäts- und Wachstumseffekte ist natürlich das Ausmaß und die Intensität der Kontakte zwischen Wissenschaftseinrichtungen und regionalen Unternehmen entscheidend (Clermont, 1997, S. 17).

Abbildung 7: Wissenstransfer

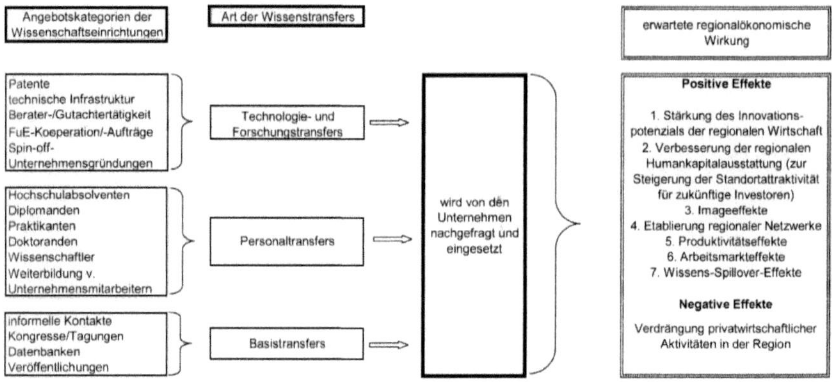

Quelle: Roth, 2006, S. 47

Sowohl angebots- als auch nachfrageseitig sind Faktoren zu beobachten, welche das Zustandekommen von Wissenstransfers begünstigen. Nachfrageseitig ist die Fähigkeit der Unternehmen externes Wissen zu absorbieren die entscheidende Voraussetzung (Roth, 2006, S. 51). Auf der Angebotsseite wird der Wissenstransfer durch die Fähigkeit der Universitäten ihr Wissen bzw. ihre Forschungsergebnisse so aufzubereiten, dass es durch die Unternehmen in den internen Innovationsprozess integriert werden kann bestimmt (ebd. 53).

Die Absorptionsfähigkeit der Unternehmen wird entscheidend durch die Ausstattung mit Faktoren, welche die Aufnahme von Wissen erleichtern bestimmt (ebd., S. 51). Hierzu zählen u. a. die Ausstattung mit Hochschulabsolventen und Forschungs- und Entwicklungspersonal (im weiteren FuE-Personal), die Unternehmensgröße und die Absatzorientierung (ebd.). Vor allem größere Unternehmen praktizieren Wissenstransfers mit Wissenschaftseinrichtungen, daneben wirkt sich die Unternehmensgröße auch auf die Qualität des Wissenstransfers aus (Rosenfeld et al, 2005, S. 119). So führen größere Unternehmen häufiger Kooperationsforschung durch als kleinere Unternehmen (ebd.). Höherwertige Transferformen werden meist auch von Unternehmen mit guter Humankapitalausstattung, bspw. in Form eigenen FuE-Personals durchgeführt (ebd., 123).

Die Absatzmärkte eines Unternehmens sind deswegen ausschlaggebend für das Praktizieren von Wissenstransfer, da Betriebe mit überregionalen Absatzmärkten einen höheren Wettbewerbsdruck unterliegen (Roth, 2005, S. 52). Auf regionalen Märkten werden vorwiegend Güter angeboten, deren Absatz auch durch Innovation nur schwer auszuweiten ist (ebd.). Bei überregionalen Gütern besteht dagegen für die Betriebe die Möglichkeit durch Innovationen den Absatzradius zu erweitern (ebd.). Aus diesem Grunde werden überregional orientierte Unternehmen eher Innovation betreiben (ebd., S. 53). Natürlich besteht diese Möglichkeit auch für deren Konkurrenten auf den überregionalen Märkten, was den Wettbewerbsdruck und damit auch den Bedarf an Innovationen erhöht.

Vonseiten der Universitäten wird der Wissenstransfer dagegen durch den Praxisbezug, die fachliche Ausrichtung und die Informationspolitik der Hochschule bestimmt (ebd.). Zum einen müssen die Wissenschaftseinrichtungen einen gewissen Praxisbezug, d. h. eine Orientierung auf angewandte FuE aufweisen, da sie ansonsten nicht in der Lage sind Wissen an Unternehmen weiterzugeben (ebd.). Einen hohen Praxisbezug weisen bspw. Forschungseinrichtungen auf, welche angehalten sind einen hohen Anteil an Drittmittel zu akquirieren (Rosenfeld et al, 2005, S. 130). Zum anderen wird der Wissenstransfers auf der Angebotsseite durch die fachliche Ausrichtung der Universität beeinflusst (Roth, 2006, S. 54). Regionale Wissenstransfers sind umso wahrscheinlicher, je mehr die fachliche Orientierung der Wissenschaftseinrichtung der gegebenen regionalen Wirtschaftsstruktur entspricht (ebd.). Dieses ist besonders mit Blick auf regionale Innovationssysteme wichtig, ein Studiengang Fotovoltaik könnte in Sachsen-Anhalt bspw. einen großen Beitrag zum Wissenstransfer mit der regionalen Wirtschaft beitragen dürfte in Bern nur einen sehr geringen regionalen Wissenstransfer auslösen. Dritter und letzter Faktor ist die Informationspolitik der Wissenschaftseinrichtung (ebd.). Diese muss durch ihre Außendarstellung ihren Leistungskatalog nach außen kommunizieren, damit mögliche Nachfrager Kenntnisse von den Transfermöglichkeiten erlangen (Hecht, 2000, S. 144).

Faktoren, welche sowohl auf Angebots- wie auch auf Nachfrageseite wirken, sind die räumliche Nähe und bereits bestehende Kontakte (Roth, 2006, S. 54). Bestehende Kontakte erleichtern die Durchführung eines Transfers, fehlende Kontakte dagegen können bereits die Kontaktaufnahme be- oder verhindern (ebd.). Die Bedeutung der räumlichen Nähe wird in der Forschung immer wieder betont (vgl. Roth, 2006, S. 55). Zum einen erleichtert die räumliche Nähe den Transfer von expliziten und impliziten Wissen, zum anderen hat sie entscheidenden Einfluss auf die Transaktionskosten des Wissenstransfers (ebd., S. 55). Demzufolge profitieren Unternehmen in räumlicher Nähe zu Wissenschaftseinrichtungen stärker von

diesen, als Firmen in räumlicher Entfernung (ebd.). Vorhandene Spinn-offs aus regionalen Wissenschaftseinrichtungen begünstigen ebenfalls den Wissenstransfer, da die Ausgründer in der Regel noch Kontakte zu ihrer früheren Anstellung pflegen und intensiv mit diesen kooperieren (Rosenfeld et al, 2005, S. 138). Ausgründungen sind demzufolge in einem höheren Maße transferorientiert als vergleichbare Unternehmen (ebd.).
Staatliche Förderung kann Anreize für Unternehmen zur Praktizierung von Wissenstransfers setzen, daneben aber auch die Forschungstätigkeiten der Hochschulen lenken (Roth, 2006, S. 55). Nicht unerwähnt bleiben soll die Gefahr bürokratischer Hemmnisse, zu diesen zählen sowohl rechtliche Vorschriften als auch verwaltungsbedingte Zeitverzögerungen (ebd. ebenso Rosner, 2006, S. 155).
Im weiteren sollen die verschiedenen Arten des Wissenstransfers in Form von Technologie- und Forschungstransfer, Personaltransfer und Basistransfer vorgestellt werden (Roth, 2006, S. 47). Allgemein werden hierbei der Erfahrungsaustausch, die Betreuung von Praktikanten, Diplomanden oder Doktoranden, die Beschäftigung von Hochschulabsolventen und die Weiterbildung von Unternehmensmitarbeitern als weniger aufwendigere Transferformen angesehen (Rosenfeld et al, 2005, S. 144). Aufwendigere Transferformen sind die Nutzung der technischen Infrastruktur, die Vergabe von Gutachter-Aufträgen, Kooperations- sowie Auftragsforschung (ebd.).

2.2.1 Personaltransfer

Kern des Personaltransfers ist die Übertragung personifizierten Wissens (Backhaus, 2000, S. 21), d. h. die Abgabe von Humankapital aus den wissenschaftlichen Einrichtungen an die private Wirtschaft (Franz et al, 2002, S. 81). Vor allem Universitäten und Fachhochschulen tragen durch die Ausbildung von Studenten und Doktoranden wesentlich zur Bereitstellung von hoch qualifizierten Humankapital, welches insbesondere für die Innovationsaktivitäten der Unternehmen ein unverzichtbarer Inputfaktor ist bei (Rosner, 2006, S. 99). Personaltransfer kann im Einzelnen in folgenden Formen geschehen, zum einen über die Beschäftigung von Hochschulabsolventen und Wissenschaftlern in den Unternehmen, zum anderen über die Betreuung von Praktikanten, Diplomanden oder Doktoranden oder die Weiterbildung von Unternehmensmitarbeitern (Roth, 2006, S. 48). Insbesondere die Beschäftigung von Absolventen kann zur Erhöhung des unternehmerischen Wissenskapitalstocks beitragen (Franz et al, 2002, S. 81). Einen ähnlichen Effekt erzielt bereits aber auch der Transfer von

Praktikanten, Diplomanden oder Doktoranden aus den Wissenschaftseinrichtungen in die Unternehmen (ebd.). Der Personaltransfer kann aber auch in Richtung der Hochschulen erfolgen, bspw. durch die Vergabe von Lehraufträgen an Vertreter aus der Wirtschaft (ebd.). Im Rahmen der Wissensabgabe durch die Universitäten kommt dem Personaltransfer eine Art Pionierfunktion zu, da er das Auftreten der übrigen Transferformen begünstigt, da durch ihn die Unternehmen Zugang zu weiteren Transferangeboten der Wissenschaftseinrichtungen erhalten (Roth, 2006, S. 48). Die durch den Transfer von Personal hervorgerufenen Rückkopplungen und Interdependenzen zwischen den Unternehmen und den öffentlichen Forschungseinrichtungen schaffen die Voraussetzungen für einen effizienteren Innovationsprozess (Backhaus, 2000, S. 22). Sie sind vergleichbar mit den Rückkopplungen und wechselseitigen Verbindungen, welche auch im nichtlinearen Innovationsmodell wirken. Dies verdeutlicht gleichfalls die Bedeutung des Personaltransfers für den Innovationsprozess und für die regionale Ökonomie.

2.2.2 Technologie- und Forschungstransfer

Technologie- und Forschungstransfer bezeichnet die gezielte Übertragung wissenschaftlicher Erkenntnisse an einen bestimmten Adressatenkreis (Franz et al, 2002, S. 82). Dies beinhaltet zum einen die Nutzung der technischen Infrastruktur von Hochschulen sowie deren Berater- und Gutachtertätigkeit (Roth, 2006, S. 47). Zum anderen zählen hierzu auch FuE-Kooperationen von Unternehmen und Wissenschaftseinrichtungen, die FuE-Auftragsforschung von wissenschaftlichen Einrichtungen für Unternehmen (ebd.) und der Erwerb von Patenten zur eigenen Nutzung durch die Unternehmen (Franz et al, 2002, S. 83). Die Veräußerung von Patenten bietet Forschungseinrichtungen die Möglichkeit ihre Innovationen über Kooperationen oder Lizenzverträge wirtschaftlich zu verwerten (ebd.). Für Unternehmen bieten sie dagegen die Möglichkeit sich eigene FuE-Investitionen und die damit verbundenen Kosten und Risiken zu ersparen und trotzdem ein fertiges Forschungsprodukt zu erwerben (ebd.). Dieses erscheint besonders vor dem Hintergrund veränderter wirtschaftlicher Gegebenheiten erforderlich. Neue Technologien zeichnen sich durch eine wachsende Komplexität und einen immer höheren Grad an Wissensbindung aus, dagegen werden die Produktlebenszyklen wettbewerbsbedingt zunehmend kürzer und erfordern kontinuierlich Forschungs- und Entwicklungsprozesses (Backhaus, 2000, S. 22). Für die Unternehmen bedeutet dies, dass sie zur Erhaltung ihrer Wettbewerbsfähigkeit Ergebnisse aus FuE zielorientiert und zeitnah in neue Produkte und Verfahren umsetzen müssen (ebd., S. 23). Die hierfür erforderlichen eigenen FuE-Abteilungen sind für viele kleine und mittlere Unternehmen (KuM-Unternehmen) aber aus Kostengründen nicht rentable (ebd.). Daher hat der Wissensaustausch in Form von Forschungs- und Technologietransfer einen entscheidenden Einfluss auf den wirtschaftlichen Erfolg KuM-Unternehmen. Dies ist wohl auch einer der Gründe, warum seit den 1980er Jahren bei den Unternehmen eine verstärkte Tendenz zu technologischen Außenbeziehungen feststellbar ist, technologisches Wissen wird in zunehmenden Maße extern bezogen (ebd., S. 24). Interessanterweise sind im selben Zeitraum in der Wissenschaft erste Innovationssystem-Ansätze entstanden (Maier, Tödtling, 2006, S. 114). Außer dem Erwerb von Patenten bieten auch die Berater- und Gutachterangebote der Universität den Unternehmen die Möglichkeit schnell wissenschaftliches Know-how zu erlangen, welches auf ihre Bedürfnisse abgestimmt ist und somit die unternehmensinterne Umsetzung des damit transferierten Wissens erleichtert (Franz et al, 2002, S. 83).

Transferformen wie gemeinsame FuE-Projekte zwischen Wissenschaft und Wirtschaft oder die FuE Auftragsforschung nehmen die Unternehmen, wenn sie daraus Vorteile gewinnen können (Franz et al, 2002, S. 83). Hierzu zählen zum einen Kostenersparnisse, da bspw. die unternehmenseigenen FuE-Kapazitäten nicht zur Durchführung solch eines Projektes ausreichen oder die Kooperation mit Forschungseinrichtungen immer noch kostengünstiger ist, als eine unternehmensinterne Durchführung oder eine Zusammenarbeit mit anderen Unternehmen (ebd.). Zum anderen auch die Risikominimierung, da die Unternehmen die Risiken eines Scheiterns nicht alleine tragen müssen (Backhaus, 2000, S. 23).

Als letzter Aspekt des Forschungs- und Technologietransfers sollen noch Spinn-Off-Unternehmensgründungen aufgegriffen werden, teilweise werden diese in der Forschung aber auch zum Personaltransfer gezählt (Roth, 2006, S. 47). Ausgründungen besitzen eine hohe regionalwirtschaftliche Bedeutung, in ihnen wird wissenschaftliches Wissen in marktfähige Produkte oder Dienstleistungen umgesetzt, wodurch Arbeitsplätze geschaffen werden (Roth, 2006, S. 39). Sie tragen dadurch zusätzlich zur Wertschöpfung und Beschäftigung in einer Region bei (Rosner, 2006, S. 131). Ein Grund für Existenzgründungen bzw. Ausgründungen ist, dass das in die Netzwerke bzw. Kooperationen einbezogene FuE-Personal der Wissenschaftseinrichtungen oder Unternehmen, über seine Netzwerkkontakte ständig Informationen über Markterfolge oder –misserfolge erhält (Franz et al, 2002, S. 83). Dieses erlaubt ihnen die zuverlässigere Einschätzung der Marktchancen eigener Idee (ebd.). Insbesondere für öffentliche Forschungseinrichtungen ist zu beobachten, dass wenn im Prozess der Wissensproduktion externe Erträge vermutet werden, der Wissensproduzent versuchen wird diese bspw. durch Ausgründungen zu internalisieren, (Backhaus, 2000, S. 33). Begünstigt wird dieses auch dadurch, dass sich das Einkommen des wissenschaftlichen Personals an öffentlichen Forschungseinrichtungen primär nicht an konkreten Arbeitsergebnissen, sondern an öffentlichen Tarifen orientiert (ebd.).

Abschließend soll noch darauf hingewiesen, dass eine wissenschaftliche Einrichtung im Rahmen des Forschungs- und Technologietransfers für die Region auch eine ``Antennenfunktion`` wahrnimmt, indem sie regionsexternes Wissen, welches anderenorts erzeugt wurde, aufgreift und regional verfügbar macht, bspw. durch öffentlich zugängliche Bibliotheken (Diez, 2001, S. 53, ebenso Rosner, 2006, S. 137). Möglich ist dieses durch die Einbindung von Forschungseinrichtungen in internationale Wissensnetzwerke (Backhaus, 2000, S. 28). Dieses zeigen bspw. das Modell des innovativen Milieus (ebd.) oder auch die externen Kontakte von Forschungseinrichtungen im regionalen Innovationssystem (Thomi, Werner, 2001, S. 211, vgl. Abbildung 1).

2.2.3 Basistransfer

Wichtigste Form des Basistransfers sind informelle Kontakte bspw. im Rahmen von Messen oder Kongressen (Roth, 2006, S. 47). Hierbei erhalten die Unternehmen mittels informeller Kanäle Wissen von den Wissenschaftseinrichtungen, wobei es auch zum Austausch von tacit-knowledge kommen kann (Roth, 2006, S. 48). Aus diesem Grunde stellen gerade informelle Kontakte für Unternehmen eine wichtige Informationsquelle dar, da sich durch sie eine schnelle und informelle Möglichkeit eröffnet die unternehmensinterne Wissensbasis zu vervollständigen (Franz et al, 2002, S. 84). Andere Formen des Basistransfers sind Veröffentlichungen, Datenbanken, Kongresse oder Tagungen (ebd.). Es ist leicht vorstellbar, dass der Basistransfer in Form loser Kontakte nicht zuletzt auch der Vorbereitung anderer Transferformen dient.

2.3 Wirkung von Wissenstransfer

Durch die eben beschriebenen Transferformen kommt es zu einer Reihe regionalökonomischer Effekte, welche von den übrigen regionalen Akteuren oder Teilsystemen erwartet, teilweise auch zu Legitimationsberechtigung der Universität gefordert werden (Roth,

2006, S. 48). Abbildung 7 zeigt, welche Effekte konkret zu beobachten sind. Durch die Generierung von Wissen und dessen Weitergabe an die regionalen Unternehmen wird die regionale Innovationsfähigkeit gestärkt und die Ausstattung mit Humankapital verbessert (ebd.). Insbesondere letzteres dient zum einen als wichtiger Inputfaktor des Innovationsprozesses (Rosner, 2006, S. 99), kann zum anderen aber auch die Attraktivität des Standortes für weitere Investoren steigern (Roth, 2006, S. 47). Durch den Personaltransfer kann außerdem, durch die mit ihm verbundenen Interaktionen, ein Beitrag zur Etablierung eines regionalen Netzwerkes geleistet werden (ebd., S. 50). Diese können u. a. zur Senkung von Transaktionskosten und zu Innovationen beitragen. Daneben werden als Ergebnisse des Transfers auch Produktivitätseffekte (vgl. Formel 1) und Arbeitsmarkteffekte, z. B. durch Ausgründungen (Rosner, 2006, S. 131) erwartet (Roth, 2006, S. 47). Ein letztes erwartetes Ergebnis sind Wissens-Spill-over-Effekte (ebd.). Auf letztere soll im weiteren näher eingegangen werden. Vorher muss aber darauf hingewiesen werden, dass bestimmte Transferformen zwischen Universitäten und Unternehmen, wie Auftragsforschung oder Gutachten, nicht unproblematisch sind. Die Universitäten treten hierbei in Konkurrenz zu anderen privaten Dienstleistern, denen gegenüber sie aber aufgrund ihrer staatlichen Finanzierung einen Kostenvorteil besitzen. Dies kann zur Verdrängung privatwirtschaftlicher Aktivitäten führen (ebd., S. 49).

2.3.1 Spill-over-Effekte

Unter Spill-over-Effekten werden sogenannte Übergreif- oder Überfließwirkungen im Rahmen der Wissensproduktion subsumiert (Backhaus, 2000, S. 32). Durch die Wissensproduktion können sowohl aufseiten der Wissenschaftseinrichtung, wie auch aufseiten des Unternehmens bewusst und unbewusst Ergebnisse anfallen, welche zur Erweiterung des allgemeinen externen Wissens beitragen (ebd.). Es handelt sich somit um positive externe Effekte der Wissensproduktion im Umfeld einer Wissensquelle (ebd., S. 33). Wissens-Spill-over entsteht durch technische oder wissenschaftliche Informationen, denen der Charakter eines öffentlichen Gutes anhaftet, wodurch dieses Wissen geplant oder unbeabsichtigt zu anderen Innovationsakteuren diffundieren kann (Koschatzky, 2001, S. 96). Dieses diffundierende Wissen kann bei den Empfängern zu innovativen Aktivitäten führen (Backhaus, 2000, S. 33). Die dabei entstehenden externen Effekte werden, mangels vertragliche

Regelungen (Maier, Tödtling, 2006, S.121), nicht durch Preise oder sonstige Gegenleistungen abgegolten (Backhaus, 2000, S. 32, ebenso Koschatzky, 2001, S. 96).

Je heterogener und zahlreicher die Quellen des Wissens-Spill-overs sind, desto wirkungsvoller unterstützen diese Innovationsprozesse (Koschatzky, 2001, S. 107). So wurden sie von Romer als eine Quelle ständiger Innovationsaktivitäten identifiziert (ebd., S. 71). Mögliche Spill-over-Kanäle sind u.a. die Produkte eines Unternehmens, Veröffentlichungen, Kataloge, Patente, persönliche Kontakte oder Mitarbeitertransfers (ebd., S. 96). Insbesondere die letzten beiden möglichen Verbreitungswege zeigen, dass Spill-over-Effekte nicht auf eine bestimmte Art des Wissenstransfers beschränkt sind, so können Spill-over-Effekte auch durch Nachahmung erzeugt werden (Backhaus, 2000, S. 33).

Das Phänomen der Externalitäten im Innovationsprozess ist bereits seit langer Zeit bekannt, problematisch ist allerdings, dass sowohl die Theorie als auch die Empirie zu Spill-over-Effekten viele Erklärungslücken aufweist (Backhaus, 2000, S. 33, ebenso Koschatzky, 2001, S. 112). Ihre Ausbreitungswege sind schwer nachzuzeichnen und kaum zu operationalisieren, lediglich bezüglich ihrer Existenz und Wirksamkeit besteht in der Forschung ein Konsens (Backhaus, 2000, S. 33). Zur Identifikation von Spill-over-Effekten wird in der Regel auf indirekte Indikatoren wie:

- die Gründungsaktivität unter Einbeziehung der Herkunft der Gründer,
- die FuE-Intensität der regionalen Akteure,
- die Intensität der Kooperation zwischen Unternehmen und Hochschulen

zurückgegriffen (ebd.). Darauf aufbauend wurde in verschiedenen Studien festgestellt, dass häufig umfangreiche lokale Wissens-Spill-over aus Universitäten und anderen Forschungseinrichtungen heraus erfolgen (Maier, Tödtling, 2006, S.121), wobei diese öffentliche Forschung einen Effekt auf die industrielle Innovation ausübt (Koschatzky, 2001, S. 113). Dies ist wohl auch eine Ursache dafür, dass innovative Unternehmen nicht nur die Nähe zu branchenverwandten Firmen, sondern auch zu weiteren Wissensquellen wie z. B. Universitäten suchen (Backhaus, 2000, S. 33). Außerdem zeigte sich, dass die Reichweite von Wissensexternalitäten räumlich begrenz ist (Koschatzky, 2001, S. 113), wobei die räumliche Nähe von potenziellen Wissensquellen und –adaptoren positive Effekte begünstigt (Backhaus, 2000, S. 34). Abschließend bleibt festzuhalten, dass Spill-over-Effekte schwer zu konkretisieren sind, über ihre Existenz und positive Wirkung bzw. Bedeutung für eine regionale Ökonomie aber Einigkeit besteht.

2.4 Beispiele für den Angebotseffekt einer Universität

Als Beispiel für den Angebotseffekt einer Hochschule und die Nutzung durch die Wirtschaft sollen an dieser Stelle Untersuchungen zum Wissenstransfer der Otto-von-Guericke-Universität Magdeburg (OvGU) und der Martin-Luther-Universität Halle-Wittenberg (MLU) vorgestellt werden.

Studien zum Angebotseffekt einer Universität scheinen nicht so zahlreich verfasst worden zu sein wie Untersuchungen zum Nachfrageeffekt, zudem beschränken sich dann in der Regel auf die Auswertung von Fragebögen, um die Nutzung des universitären Angebotes zu untersuchen. Die nachfolgend vorgestellte Untersuchung für die OvGU wertete hierfür die Interviews mit 43 Institutsleitern und Professoren aus (Rosner, 2006, S. 130). Für die MLU wurden weitestgehend Daten der IWH-Wissenstransferbefragung 2003 (N=534 Unternehmen) und IWH-Forscherbefragung 2003 (N=131 Professoren) verwendet (Roth, 2006, S. 109).

2.4.1 Otto-von-Guericke-Universität Magdeburg

Im Zeitraum 1990-2002 fanden 42 Ausgründungen statt (Rosner, 2006, S. 131). Von diesen siedelten sich 32 in Magdeburg an, zwei entfielen auf das übrige Sachsen-Anhalt, die restlichen acht verteilen sich auf das Ausland (eine), die alten Bundesländer (sechs) und die neuen Bundesländer (eine). Von dieser Verteilung ausgehend, kann angenommen werden, dass die Standortwahl stark von der räumlichen Nähe zur Universität beeinflusst wurde, da hiermit der Zugang zu Wissen und Humankapital gewährleistet bleibt (ebd.). Insgesamt ist bei den Ausgründungen ein hoher regionaler Bezug festzustellen, die überwiegende Mehrheit der Unternehmen begnügte sich dabei nicht nur mit einem Standort in Magdeburg, sondern siedelte sich in unmittelbarer Nachbarschaft der Universität an (ebd., S. 133). Folglich ist festzustellen, dass die überwiegende Zahl der Unternehmen die enge räumliche Nähe zur Inkubatoreinrichtung sucht (ebd., S. 161). Bei allem Optimismus muss aber darauf hingewiesen werden, dass die Beschäftigungseffekte dieser Ausgründungen nur gering sind (ebd.). Die größten Beschäftigungseffekte werden stattdessen durch Ansiedlung außeruniversitärer Forschungseinrichtungen ausgeübt (ebd.). Hierzu zählen u.a. das Frauenhofer-Institut für Fabrikbetrieb und –automatisierung oder das Max-Planck-Institut für Dynamik komplexer technischer Systeme (ebd., S. 136). Die Forschungseinrichtungen beschäftigen insgesamt 594 Mitarbeiter (ebd.) und sind aus diesem Grunde von großer Bedeutung für den regionalen Arbeitsmarkt. Dieses unterstreicht wiederum die Bedeutung der Universität, welche eine zentrale Voraussetzung für die Ansiedlung der Institute war (ebd., S. 137). Die folgende Abbildung zeigt noch einmal die räumliche Verteilung der Ausgründungen.

Abbildung 8: Ausgründungen und ihre regionale Verteilung 1990-2002

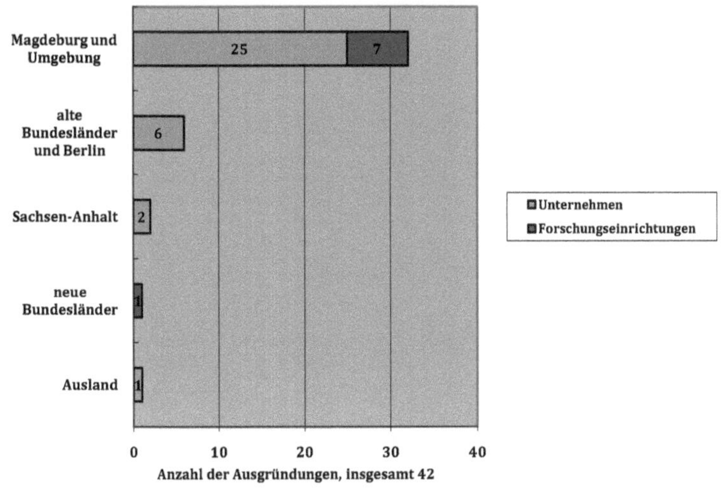

Quelle: Darstellung nach. Rosner, 2006, S. 132

Der Wissenstransfer wurde anhand der im Jahre 2001 durchgeführten Kooperationen untersucht (ebd., S. 138). Hierbei zeigte sich, dass die meisten Kooperationspartner in den alten Bundesländern ansässig waren, danach folgten Partner in Magdeburg und Umgebung (ebd.). Bei einer Aufteilung nach Art des Kooperationspartners zeigte sich, dass die Kooperation mit Unternehmen den stärksten Regionalbezug hatte, während die Kooperation mit anderen Forschungseinrichtungen ihre zahlenmäßig stärkste Ausprägung in den alten Bundesländern und im Ausland fand (ebd.). Der Regionalbezug bei der Unternehmenskooperation kann als Hinweise auf ein regionales Netzwerk gewertet werden, welches in der Lage ist Innovationen bzw. Wissen zu generieren (ebd., S. 137). Die starke nationale und internationale Orientierung bei der Kooperation mit anderen Forschungseinrichtungen könnte dagegen als Indikator für die ``Antennenfunktion`` einer Universität gewertet werden. Das unten stehende Diagramm zeigt die Anzahl der Kooperationen und deren regionale Verteilung.

Abbildung 9: Kooperationen und regionale Verteilung

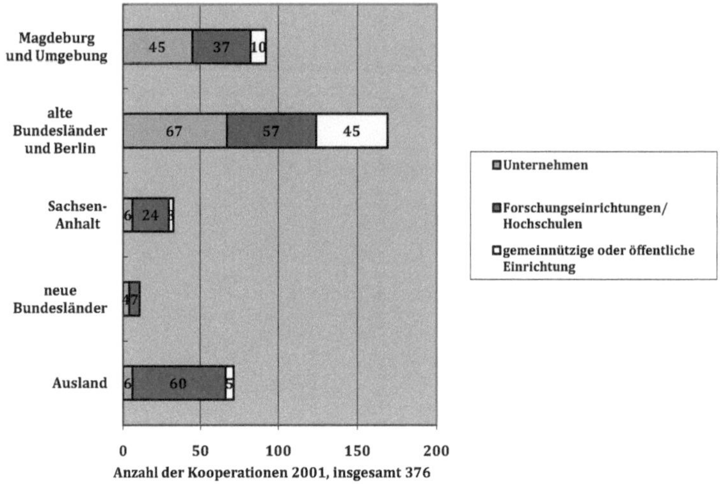

Quelle: Darstellung nach Rosner, 2006, S. 138

Die Tatsache, dass allein 45 Unternehmen aus Magdeburg und Umgebung mit der Universität Kooperationen eingegangen sind, zeigt die nicht zu unterschätzende Bedeutung von räumlicher Nähe für den Wissenstransfer (ebenso Roth, 2006, S. 143). Eine Unternehmensbefragung erbrachte hierfür ähnliche Ergebnisse (Rosner, 2006, S. 228). Räumliche Nähe war der meistgenannte Faktor, bei der Entscheidung mit welcher Wissenschaftseinrichtung ein Unternehmen zusammenarbeitet (ebd.). Von den befragten Unternehmen unterhielten 46% ausschließlich Kontakte zu Hochschuleinrichtungen in Sachsen-Anhalt (ebd.).

Die Häufigkeit der Kooperation mit anderen Forschungseinrichtungen und Hochschulen findet ihren Ausdruck auch im Anteil der verschiedenen Kooperationsformen. Hier steht die gemeinsame Forschung an erster Stelle, mit Abstand folgen von Erfahrungsaustausch und Produktentwicklung (Rosner, 2006, S. 138). Daher überrascht es auch nicht weiter, dass Publikationen den größten Anteil am Output von Kooperationen bilden, weit dahinter rangieren Veranstaltungen sowie Prototypen und Produkte (ebd., S. 139). Die folgenden Diagramme stellen Kooperationsformen und Ergebnisse dieser Kooperationen dar und zeigen die grundsätzlichen Präferenzen der Institute bei den Kooperationen (vgl. ebd., S. 139).

Abbildung 10: Kooperationsformen und Ergebnisse

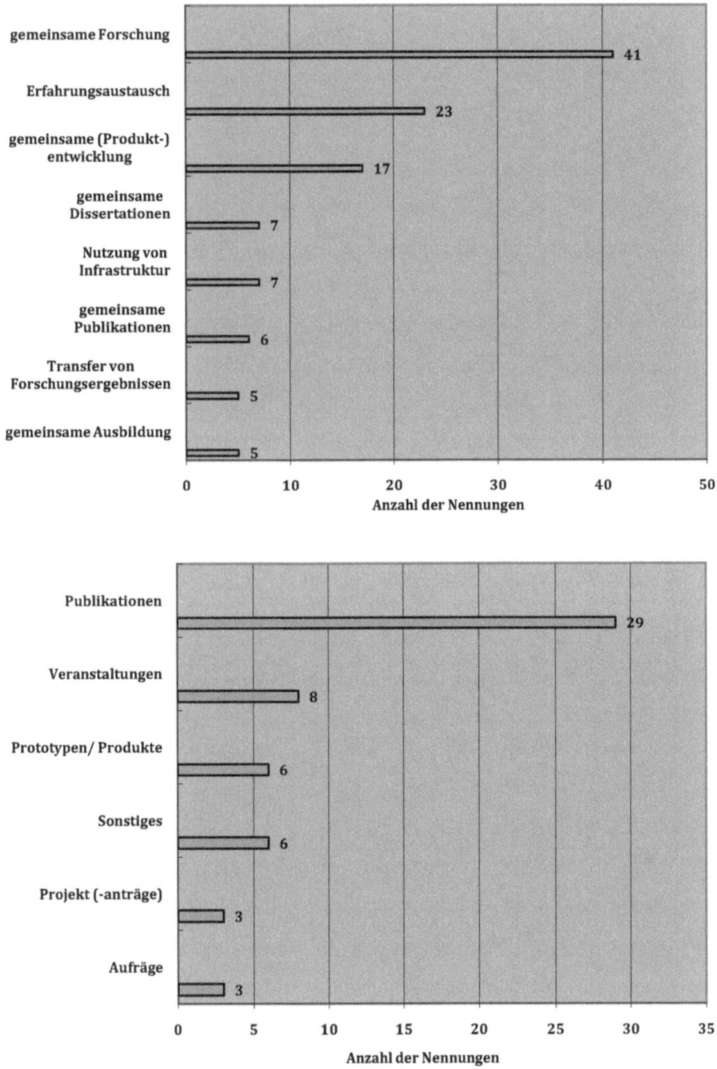

Quelle: Darstellung nach Rosner, 2006, S. 139

Es zeigt sich, dass besondere wissenschaftliche Publikationen für die Institute der Universität einen großen Wert haben, deutlich abgeschlagen folgen Kooperationen mit Firmen und Aufträge (ebd.). Der Nutzen dieser Kooperationen für die Region Magdeburg bleibt aber offen.

Es ist aber vorstellbar, dass im Rahmen der Publikationen auch ein Wissens-Spill-over stattfindet, bspw. indem in Magdeburg ansässige Unternehmen Wissens, welches durch Publikationen veröffentlicht wurde, in ihren Innovationsprozess integrieren.
Die Untersuchung des Humankapitaltransfers zeigte bereits für Praktikanten, dass nur eine schwache Integration der Studierenden in regionale Unternehmen erfolgt, nur wenige von ihnen finden einen Praktikumsplatz in Sachsen-Anhalt (ebd., S. 146). Dieser Trend setzt sich bei den Absolventen fort, für diese wurde festgestellt, dass in 22 von 37 befragten Instituten der Universität mindestens 75% der Absolventen das Bundesland verlassen (ebd., S. 146). Eine Ursache hierfür ist, dass bereits die Mehrzahl der Praktikanten außerhalb des Landes tätig wird und dadurch bereits früh Kontakte in andere Bundesländer aufbaut (ebd., S. 162). Von den wenigen Absolventen, welche in Sachsen-Anhalt bleiben, arbeiten die meisten an der Universität (ebd., S. 161). Der geringe Anteil von in Sachsen-Anhalt verbleibenden Absolventen ist außerordentlich alarmierend, da hiermit dem Land wichtige Potenziale für die wirtschaftliche Entwicklung verloren gehen (ebd., S. 229). Außerdem weist Sachsen-Anhalt bereits jetzt eine unterdurchschnittliche Humankapitalausstattung auf, gerade diese wäre aber nötig um innovative Produkte herzustellen und auf internationalen Märkten Gewinne zu erzielen (ebd., S. 225). Ursache für die hohe Abwanderung, ist zum einen die geringe Anzahl von Unternehmen und damit von attraktiven Arbeitgebern im Land, zum anderen spricht vieles dafür, dass die hier ansässigen Unternehmen zu geringe Gehälter anbieten, um die gewünschten Qualifikationen einzukaufen (ebd., S. 229).
Patente und am Markt eingeführte Produkte stellen einen weiteren Indikator zur Bewertung der Innovationsleistung einer Universität dar (ebd., S. 142). Für den Zeitraum 1999 bis 2002 weist die OvGU zwar 89 Patentanmeldungen auf, am Markt wurden hingegen nur 42 Produkte eingeführt (ebd., S. 143). Offensichtlich ist es so, dass Patente und Markteinführungen nicht zwingend in einem engen Zusammenhang stehen (ebd., S. 143). Die Tatsche, dass nur ungefähr jede zweite Patentanmeldung zur Markteinführung führte, deutet auf ein erhebliches ungenutztes Potenzial zur wirtschaftlichen Verwertung von Forschungsergebnissen hin (ebd., S. 144). Diese könnte auch der regionalen Ökonomie, bspw. durch weitere Ausgründungen, zugutekommen und positive Einkommens- und Beschäftigungseffekte induzieren. Zum Abschluss kann das Fazit gezogen werden, dass das Angebot der OvGU durch Wissenstransfers genutzt wird, der Umfang dieser Nutzung mit Sicherheit aber noch ausbaufähig ist. Das universitäre Angebot und die regionale Nachfrage decken sich beim Wissenstransfer nur teilweise (ebd., S. 227). So weist die Universität beim Wissenstransfer eine Export- und Forschungsorientierung auf (ebd., S. 139), was für regionale Unternehmen nicht

nachteilig sein muss, wohl aber auch keinen Nutzen bringt. Insbesondere bei der Betrachtung der geringen Kooperationsintensität mit Sachsen-Anhalt stellt sich die Frage in weit für den geringen Umfang des Transfers die Strukturen der Wirtschaft in Sachsen-Anhalt verantwortlich sein könnten. Mit Blick auf die Bedingungen für den Wissenstransfer könnte die schlechte Humankapitalausstattung (ebd., S. 225) eine Ursache dafür sein. Um die Rahmenbedingungen für den Wissenstransfer beurteilen zu können, soll eine weitere Untersuchung zur MLU vorgestellt werden.

2.4.2 Martin-Luther-Universität Halle-Wittenberg

Die Studie zu Wirkung der Wissenschaftseinrichtungen in der Region Halle soll besonders die nachfrageseitigen Faktoren des Wissenstransfers betrachten. Auch diese Untersuchung zeigte die Bedeutung von räumlicher Nähe, Unternehmen in der Region Halle waren stärker auf die Wissenschaftseinrichtungen der Region orientiert, als Unternehmen im übrigen Sachsen-Anhalt (Rosenfeld et al, 2005, S. 108). Die Bedeutung von räumlicher Nähe zeigt hierbei ach die grundsätzliche regionale Bedeutung von Wissenschaftseinrichtungen, ohne sie wäre die regionalökonomisch bedeutsame Versorgung der Wirtschaft mit Wissenstransfer und Innovationsinput schlechter als heute (Rosenfeld et al, 2005, S. 144).

Die Untersuchung zeigte auch die Bedeutung der Absatzorientierung für die Nutzung des universitären Angebotes. So fragten 28,9% der Unternehmen mit überregionaler Absatzorientierung Kooperationsforschung nach, während es bei den Unternehmen mit regionalem Absatzmarkt nur 11% waren (Roth, 2006, S. 154). Dieser Trend findet sich aber nicht nur für die Region Halle, er lässt sich auch auf ganz Sachsen-Anhalt übertragen (Rosenfeld et al, 2005, S. 127). Die folgende Tabelle zeigt die Ergebnisse für Sachsen-Anhalt. Hierbei zeigt sich, dass die in Sachsen-Anhalt ansässigen Unternehmen wenig innovativ und vorwiegend auf lokalen Märkten tätig (Rosner, 2006, S. 225). Ein Umstand, der teilweise als Erklärung für die geringe Nutzung des universitären Angebotes herangezogen werden kann.

Tabelle 4: Wissenstransfer und Absatzorientierung

in %

Unternehmen mit überwiegend ...	transferorientierte Unternehmen	nicht-transferorientierte Unternehmen
regionalem Absatz (N=335)	49,0	51,0
überregionalen Absatz (N=189)	64,0	36,0

Quelle: Darstellung nach Roth, 2006, S. 154

Ebenso wurde die Bedeutung der Humankapitalausstattung herausgearbeitet. Immerhin 46,6% der Unternehmen welche Hochschulabsolventen beschäftigten praktizierten auch Wissenstransfer mit Wissenschaftseinrichtungen, dagegen nur 18,1% der Unternehmen ohne Hochschulabsolventen (Roth, 2006, S. 150). Ein ähnliches Bild zeigt sich, wenn die Ausstattung mit FuE-Personal als Maßstab verwendet wird (ebd.). Hier praktizierten 76,3% der befragten Unternehmen Wissenstransfer mit Wissenschaftseinrichtungen, aber nur 46,7% der Unternehmen ohne FuE-Personal (ebd.). Abschließend ist zum Wissenstransfer in Sachsen-Anhalt darauf hinzuweisen, dass 54,5% (N=534, IWH Wissenstransferbefragung 2003) der befragten Unternehmen in Sachsen-Anhalt Kontakte zu Wissenschaftseinrichtungen unterhielten, unabhängig ob diese innerhalb oder außerhalb des Landes angesiedelt waren, die dabei realisierten Transfers waren zumeist eher geringer Qualität (Rosenfeld et al, 2005, S. 142). Hierzu zählte aber auch die Einstellung von Hochschulabsolventen (ebd.), wurde dieses herausgerechnet, ergibt sich nur noch eine Quote von 30,9% (Rosner, 2006, S. 201). Von allen transferorientierten Unternehmen in Sachsen-Anhalt praktizierten immerhin 30,5% Wissenstransfers mit lokalen Wissenschaftseinrichtungen, die übrigen transferorientierten Firmen pflegten dagegen nur Kontakte nach außerhalb des Bundeslandes (Roth, 2006, S. 121). Unternehmen in Sachsen-Anhalt sind demzufolge prinzipiell zu Wissenstransfers in der Lage, allerdings sind diese oft nur von minderer Qualität, außerdem gibt es bei den Unternehmen eine Tendenz zur Orientierung auf Partner von außerhalb des Landes (Rosner, 2006, S. 201). So waren für 84,5% der befragten Unternehmen in Sachsen-Anhalt die Wissenschaftseinrichtungen in der Region Halle ohne Bedeutung, die Angebotseffekte dieser Einrichtungen kommen damit nur einer Minderheit von Unternehmen zugute (Rosenfeld et al, 2005, S. 143). Die positiven Effekte des von Wissenschaftseinrichtungen ausgehenden Wissenstransfers sind aber nachweislich (Rosner, 2006, S. 228). So zeigte die IWH-

Wissenstransferbefragung 2003, dass Unternehmen mit Wissenskontakten häufiger neue Produkte entwickeln als Unternehmen ohne entsprechende wissenschaftliche Kontakte (ebd.). Dieser Sachverhalt unterstreicht den Zusammenhang von Hochschule und Innovation und ist besonders mit Blick auf das Konzept einer wissensbasierte Regionalentwicklung bedeutsam. Die folgende Tabelle illustriert diesen Sachverhalt noch einmal.

Tabelle 5: Produktentwicklung und Wissenstransfer

N=534, IWH Wissenstransferbefragung 2003

	Wissenschaftskontakt nein	**Wissenschaftskontakt ja**
Produktentwicklung nein	297	90
Produktentwicklung ja	67	71

Quelle: Darstellung nach Rosner, 2006, S. 202

Abschließend kann zu den Beispielen gesagt werden, dass insbesondere der Zusammenhang zwischen Produktinnovation und Wissenskontakten (vgl. Tabelle 5) die Bedeutung einer Universität und ihres Angebotes für die regionale Ökonomie unterstreicht. Gleichzeitig wurde auch der Einfluss von fördernden oder bremsenden Faktoren auf den Umfang des Wissenstransfers aufgezeigt. Zur Gestaltung einer positiven wirtschaftlichen Entwicklung in Sachen-Anhalt bieten diese Ansatzpunkte, weitere Eingriffsmöglichkeiten bieten die ungenügende Übereinstimmung von universitären Angebot und regionaler Nachfrage. Allerdings sollte hierbei auch nicht die Bedeutung der Öffentlichkeitsarbeit der Universität unterschätzt werden. So zeigte sich im Rahmen der Studie zur OvGU, aufseiten der Unternehmen fehlendes Wissen über die Leistungen der Hochschule (ebd., S. 157). Auch hier bieten sich Verbesserungen an.

3. Nachfrageffekte

Nachfrageorientierte Untersuchungen zur Bedeutung von Wissenschaftseinrichtungen haben eine lange Tradition, sie wurden bereits in den 1960er Jahre durchgeführt, ihr zentrales Anliegen ist die Bestimmung von Einkommens- und Beschäftigungseffekten (Clermont, 1997, S. 18). Die wichtigsten Ausprägungen dieser nachfrageorientierten Betrachtungen sind die keynesianische Multiplikatoranalyse und die Input-Output-Analyse (ebd.).

Nachfrageeffekte treten auf, wenn eine Universität Faktoren nachfragt, welche für die Leistungserstellung notwendig sind (Franz et al, 2002, S. 11). Zu diesen Faktoren zählen Personal, Sachmittel, Anlagen und Gebäude (ebd.). Effekte solcher Art gehören aber zu jeder öffentlich finanzierten Einrichtung und sind keine spezifische Besonderheit von Hochschulen (ebd.). Das Spezifikum von Wissenschaftseinrichtungen ist, dass durch die Lehraktivitäten dem Hochschulstandort Studenten zugeführt werden, welche zusätzliches Einkommen in die Region fließen lassen (ebd.). Neben der Fähigkeit der Universitäten zusätzliche Ausgaben der Studenten für die Region zu akquirieren, verfügen Hochschulen über die Möglichkeit weitere Mittelzuflüsse aus regionsexternen Quellen zu rekrutieren (Franz et al, 2002, S. 60). So umfast das universitäre Nachfragepotenzial neben den aus Landesmitteln bestrittenen Ausgaben für Personal- und Sachleistungen, auch die Konsumausgaben der Studenten und Beschäftigten der Universität (Glorius, Schultz, 2002, S. 1), von der Universität eingeworbene Drittmittel (Franz et al, 2002, S. 60) und Bundesmittel bspw. im Rahmen der Gemeinschaftsaufgabe zur Förderung des Hochschulbaus (ebd.). Die folgende Abbildung zeigt die unterschiedlichen Ausgabenarten und deren Herkunft.

Abbildung 11: Ausgabenarten und Herkunft

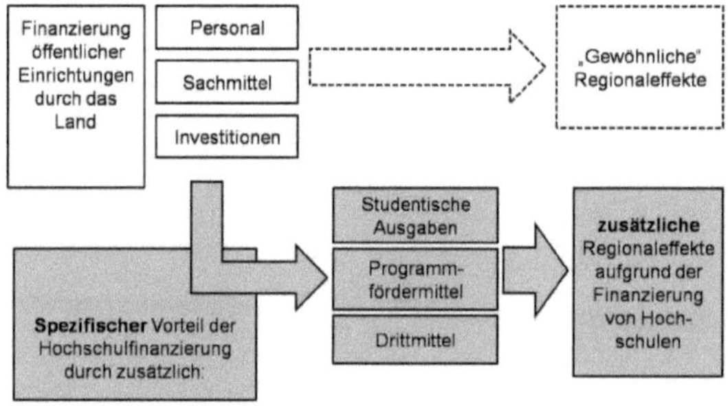

Quelle: Darstellung nach Rosner, 2006, S. 25

3.1 Nachfragewirksame Ausgaben

Im Detail ist der Nachfrageeffekt auf folgende einzelne Ausgaben der Universität bzw. der Studenten zurückzuführen.

- Sachausgaben – die direkte Nachfrage der Hochschulen der Waren und Dienstleistungen (Haupt, Oberhofer, 2000, S. 70). Hierzu gehören u.a. Ausgaben für Büro- und Schreibbedarf oder Lehr- bzw. Lernmittel (Beyer (A) et al, 2001, S. 17).

- Bauausgaben – Ausgaben für den Neu- bzw. Ausbau der Universität sowie den Bauerhalt (ebd., S. 71). Diese direkte Nachfrage kann sowohl kurzfristig einen starken Einfluss auf die regionale Konjunktur entfalten, als auch langfristige regionale Entwicklungsprozesse auslösen (ebd.). Die Höhe der Bauausgaben kann dabei im Zeitablauf stark variieren (ebd.).

- Personalausgaben - diese stellen in ihrer Höhe meist den wichtigsten universitären Ausgabenposten dar (ebd., S. 72).

- Ausgaben der Studenten – diese gehen zum überwiegenden Teil in den Konsum (ebd., S. 74).

In anderen Veröffentlichungen wurde zusätzlich die Kategorie der Investitionsausgaben aufgestellt. Zu diesen zählen Ausgaben für die Anschaffung sehr teurer Geräte, Apparate oder Anlagen (Beyer (A) et al, 2001, S. 17). In den weiteren Betrachtungen werden diese Ausgaben aber den Sachausgaben untergeordnet (vgl. Glorius, Schultz, 2002, S. 5). Im Unterschied zu den Personalausgaben wird bei Sachausgaben jede ausgegebene Geldeinheit unmittelbar nachfragewirksam (Franz et al, 2002, S. 56). Allerdings ist für Sachausgaben zu beachten, dass für einige Ausgabeposten die regionale Wirksamkeit unklar oder nicht gegeben ist, weil sie zentral abgeführt werden (ebd., S. 58). Hierzu zählen u. a. Post- und Fernmeldegebühren oder die Umsatzsteuer (ebd., S.58). Daneben können insbesondere die Ausgaben zur Anschaffung technischer Geräte oder die Inanspruchnahme höherwertiger Dienstleistungen aufgrund eines Defizits in der regionalen Angebotsstruktur einen geringeren regionalen Verbleib aufweisen (Glorius, Schultz, 2002, S. 12). Auch Ausgaben für Bibliotheken und Sammlungen können zum größten Teil abfließen (ebd.). Ähnliches ist bei Bauausgaben zu beobachten, diese verbleiben auch nur zum Teil in der Region (Beyer (B), 2001, S. 53 ebenso Franz et al, 2002, S. 66). Nicht zuletzt sollten bei der Bewertung von Sach- und Bauausgaben auch steuerliche Abflüsse beachtet werden (ebd.).

Der nachfragewirksame und konsumrelevante Teil der Personalausgaben ergibt nach Abzug der Steuern und Arbeitnehmerabgaben zur Sozialversicherung sowie der Ersparnisanteile (ebd., S. 51). Die regionale Wirkung der verbleibenden Geldmenge ist dabei vom Wohnsitz der Leistungsempfänger, den Konsumpräferenzen und dem regionalen Versorgungsmöglichkeiten abhängig (Franz et al, 2002, S. 52). Die Region, in welcher die Beschäftigten arbeiten, muss nicht deckungsgleich sein mit dem Raum, in dem sie ihre Konsumausgaben tätigen (ebd., S. 51). Zudem kann es durch regionale Gegebenheiten dazu kommen, dass Teile des Einkommens regionsextern verausgabt werden, bspw. dann wenn sich in räumlicher Nähe zum Standort der Universität eine größere Stadt, mit differenzierterem und umfangreicherem Warenangebot findet (ebd.). In Abhängigkeit von den Konsumgewohnheiten und den Wohnorten des Personals fließen somit Teile des Einkommens aus der Region ab (Griebel, Schumacher, 2001, S. 26). Veranschaulicht wird dieses dadurch, dass insbesondere beim wissenschaftlichen Hochschulpersonal, Wohn- und Arbeitsort häufig nicht identisch sind (Franz et al, 2002, S. 52). Dieser Umstand lässt sich auch bei den Studierenden feststellen, sodass auch für die potenziellen Ausgaben der Studenten angenommen werden muss, dass diese sich je nach Wohnort in ihrer regionalen Wirkung differenzieren (Niermann, Nierman, 2000, S. 90).

3.2 Regionale Wirkung der universitären Ausgaben

Wie im vorhergehenden Abschnitt bereits dargelegt, ist die regionalökonomische Wirkung der einzelnen Ausgabenpositionen nun davon abhängig, welcher Anteil der Nachfrage nach Personal, Dienstleistungen und Gütern in der Region befriedigt wird (Glorius, Schultz, 2002, S. 1). Die im Wesentlichen von den Studierenden, den Mitarbeitern oder von den Hochschulen selbst stammenden Ausgaben (Rosner, 2006, S. 5) führen in der Region, wenn die hinter ihnen stehende Nachfrage regional befriedigt wird, zunächst zu direkten Einkommenszuwächsen und in weiteren Wirkungsrunden indirekt zu Beschäftigungs- und Einkommenszuwächsen (Franz et al, 2002, S. 11).

Zum einen tritt die Universität selbst als Arbeitgeber in Erscheinung und schafft selbst direkte Arbeitsplätze (Niermann, Niermann, 2000, S. 85). Allerdings führen die durch eine Universität zusätzlich attrahierten Finanzmittel (vgl. Abbildung 4) zu einem Anstieg der regionalen Beschäftigung, welcher weit über die direkten Beschäftigungseffekte hinausgeht (Rosner, 2006, S. 20). Hierfür verantwortlich sind in erster Linie die zusätzlichen regionalen Ausgaben der Studierenden und der Hochschulen verantwortlich, welche durch ihre regionale Nachfrage zur Steigerung des Umsatzes und indirekt zur Beschäftigung in der Region beitragen (ebd., S. 12). Aufgrund der Nachfrage müssen regionalansässige Wirtschaftsbetriebe ihre Produktion erhöhen und wenn ihre Kapazitäten ausgelastet sind neue Mitarbeiter einstellen (Glorius, Schultz, 2002, S. 1). Die universitäre Nachfrage durch Sachausgaben und studentischen Ausgaben schafft somit indirekt über den Konsum neue Arbeitsplätze (ebd.). Die Nachfrage eine Universität führt damit insgesamt zur Erhöhung der direkten und indirekten Beschäftigung (ebd., S. 2). Da der überwiegende Teil dieser Wertschöpfung über Löhne und Gehälter wiederum an die Haushalte der Region fließt, welche das Geld ihrerseits wieder zu einem gewissen Teil in der Region verausgaben verhält sich der Beschäftigungseffekt nicht nur proportional zu den direkten Nachfrageeffekten (Rosner, 2006, S. 21). Vielmehr wird durch den erneuten Konsum der zusätzlich eingestellten Arbeitskräfte eine Wirkungskette über unendliche viele Wirkungsrunden, mit weiteren induzierten Arbeitsplätzen, in Gang gesetzt (Glorius, Schultz, 2002, S. 1). Der Beschäftigungseffekt nimmt dabei aber analog zum Nachfrageeffekt mit der Zeit ab (Rosner, 2006, S. 21). Die folgende Abbildung soll den Nachfrageeffekt noch einmal veranschaulichen.

Abbildung 12: Einkommens- und Beschäftigungseffekte

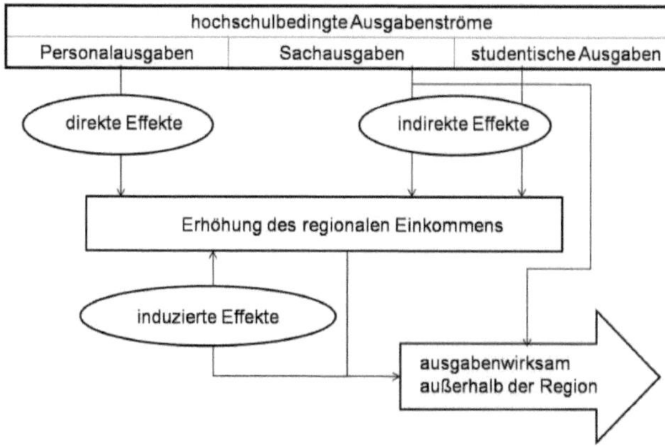

Quelle: eigener Entwurf nach Clermont, 1997, S. 25 und Glorius, Schultz, 2002, S. 31

Eine ähnliche Wirkungsweise ist im Exportbasis-Modell zu beobachten, hier schafft regional verkonsumierte Einkommen aus Exporten ebenfalls zusätzliches Einkommen (Schätzl, 2001, S. 151), was zu einem regionalen Einkommenszuwachs führt, welcher deutlich über dem Einkommenszuwachs des Exportsektors liegt (Maier, Tödtling, 2006, S. 34).
Zur Untersuchung der Beschäftigungs- und Einkommenseffekte einer Hochschule kommt in der Regel entweder eine Input-Output-Analyse oder eine Multiplikatoranalyse zur Anwendung (Rosner, 2006, S. 12). Die Input-Output-Analyse bietet die Möglichkeit die inter- und intrasektoralen Verflechtungen der Wirtschaftssubjekte darzustellen, außerdem werden hierbei sektorspezifische Auswirkungen von Nachfrageänderungen sichtbar (Franz et al, 2002, S. 68). Dies würde eine detailliertere Betrachtung der Wirkung der universitären Nachfrage nach Branchen, aber auch nach Umsatz, mit der Universität und Vorleistungen ermöglichen (Niermann, Niermann, 2000, S. 92). Zudem werden gegenüber der Multiplikatoranalyse die einzelnen Wirkungsrunden der hochschulgebundenen Ausgaben detaillierter betrachtet (Clermont, 1997, S. 44). Eine Input-Output-Analyse auf regionaler Ebene ist aber sehr problematisch (Franz et al, 2002, S. 69). Die Durchführung regionaler Input-Output-Analysen scheitert in Deutschland meist daran, dass keine entsprechenden Input-Output-Tabellen vorliegen, da die amtliche Statistik innerstaatliche Güterströme nicht direkt erfasst (Clermont, 1997, S. 46). Eine Übertragung der nationalen Input-Output-Tabelle des Statistischen Bundesamtes ist aufgrund des Umstandes, das jede Region ihre eigenen Strukturen von Produktions- und Handelsverflechtungen sowie technologischer Ausprägung hat, aufwendig und mit zahlreichen Problemen verbunden (Franz et al, 2002, S. 69 ebenso Clermont, 1997, S. 46). Zudem unterscheiden sich von Region zu Region auch die Import- und Exportanteile je Wirtschaftssektor (ebd.), gerade aber die regionalen Importquoten sind in der offiziellen Statistik nicht abgebildet (Rosner, 2006, S. 19). In der verwendeten Literatur wurde wohl aus diesem Grunde meist eine Multiplikatoranalyse durchgeführt. Diese soll im weiteren näher erläutert werden.

3.2.1 Multiplikatoranalyse

Der Multiplikator gibt an, um wie viele Einheiten sich die regionale Wertschöpfung Y verändert, wenn sich die autonome regionale Nachfrage A exogen um eine Einheit ändert (Clermont, 1997, S. 20). Grundlage der Multiplikatoranalyse ist das keynesianische Regionalmodell (ebd., S. 19). Hierbei wird von einem Kreislaufmodell ausgegangen, in welchem die Ausgaben einer Person, Einkommen bei einer anderen Person induzieren, wodurch ceteris paribus eine Erhöhung des Konsums zu Einkommenssteigerungen führt (Rosner, 2006, S. 13). Das induzierte Einkommen wird wiederum zum Teil für Konsumzwecke verwandt und wirkt so erneut einkommenserhöhend, dieser Prozess setzt sich theoretisch unendlich fort, allerdings nimmt er wie bereits dargestellt in jeder Wirkungsrunde ab (ebd.). Der Multiplikatoreffekt stellt somit das Ergebnis einer unendlichen Anzahl von Wirkungsrunden dar (Clermont, 1997, S. 40). Die erste Runde beinhaltet hierbei die Effekte der Personal- und Sachausgaben und der studentischen Ausgaben bis zur ersten Entstehung regionalen Einkommens (ebd., S. 39). Die Folgerunden beinhalten die Wiederverausgabung des in den vorhergehenden Runden entstandenen regionalen Einkommens, die Effekte der Folgerunden werden deswegen als induzierte Effekte bezeichnet (ebd.). Die untenstehende Abbildung veranschaulicht noch einmal diese Unterscheidung nach direkten, indirekten und induzierten Effekten in der Multiplikatoranalyse.

Die folgende Formel stellt zunächst das keynesianische Regionalmodell dar.

Formel 2: keynesianisches Regionalmodell

Die regionale Nachfrage (A) setzt sich aus den folgenden Komponenten zusammen.

- *dem Konsum der privaten Haushalte (C)*
- *den Investitionen der Unternehmen (I)*
- *dem Konsum und den Investitionen der öffentlichen Haushalte (G)*
- *dem Nachfrageüberschuss aller übrigen Regionen (E-M)*

$$A = C + I + G + M - E$$

<u>Keynesianisches Regionalmodell</u>

$$\boldsymbol{Y^N = C + I + G + (E - M) - T_i}$$

Quelle: Rosner, 2006, S. 13

Vom keynesianischen Regionalmodell ausgehend kann, unter Definition der einzelnen Bestandteile, sowie Einsetzen und Umformen der Gleichungen, ein Multiplikator gebildet werden, mit welchem sich die Einkommenseffekte quantifizieren lassen, die dadurch entstehen, dass in einer Region die wirksame Nachfrage erhöht und das dadurch entstehende zusätzliche Einkommen in nachfolgenden Stufen durch Dritte nachfragewirksam und somit einkommenserhöhend verausgabt wird (Franz et al, 2002, S. 72). Die nachstehende Formel erläutert dieses.

Formel 3: Bestimmung des Multiplikators

Die regionale Nachfrage bestimmt sich wie folgt:

	Benennung der Variablen	
$C = C^{konst} + c\,Y^{rf}$	C^{konst}	= *Konsum (konstant)*
$Y^{rf} = Y - T_d + U$	c	= *marginale Konsumquote*
$T_d = t\,Y$	T_d	= *direkte Steuern, inklusive Sozialbeiträge*
$U = U^{konst} - u \times Y$	T_i	= *Differenz aus indirekten Steuern und Subventionen*
$M = M^{konst} + m \times C$	i	= *indirekter Steuersatz*
$T_i = i\,(C - M)$	t	= *direkter Steuersatz*
$I = I^{konst}$	U	= *staatliche Transferzahlungen*
$G = G^{konst}$	u	= *marginaler Transfersatz*
$E = E^{konst}$	Y^{rf}	= *verfügbares Einkommen*
	Y^N	= *regionale Nachfrage*
	I^{aut}	= *private Nettoinvestionen (konstant)*
	G^{konst}	= *Staatsausgaben (konstant)*
	E^{konst}	= *Export (konstant)*
	M^{konst}	= *Import (konstant)*
	m	= *marginale Importquote*

<u>Keynesianischer Multiplikator</u>

$$k_r = \frac{dY}{dA} = \frac{1}{1 - c\,(1-i)(1-m)(1-t-u)}$$

Quelle: Rosner, 2006, S. 13

Der Ausdruck unter dem Bruchstrich muss im Normalfall <1 sein, daher wird der Multiplikator >1 sein (Glorius, Schultz, 2002, S. 26). Der Multiplikator ist umso größer, je höher die Konsumquote *c* der privaten Haushalt ist (Franz et al, 2002, S. 72), diese wiederum erhöht sich durch ein erhöhtes verfügbares regionales Einkommen (Clermont, 1997, S. 39). Dagegen fallen die regionalen Multiplikatoreffekte umso geringer aus, je mehr Nachfrage durch direkte oder indirekte Steuern *t* versickert oder durch eine hohe Importquote *m* in anderen Regionen Wirkung entfalten (ebd.). Zur Berechnung des Multiplikators bei empirischen Untersuchungen ist es unerlässlich die verschiedenen Parameter regionalspezifisch zu ermitteln (Rosner, 206, S. 15). Die meisten dieser Größen lassen sich auf Grundlage der amtlichen Statistik und einfacher mathematischer Verfahren bestimmen (ebd.). Problematisch ist hingegen die Bestimmung der regionalen Importquote, da offizielle Statistiken über Güterströme zwischen den Bundesländern nicht vorliegen (Franz et al, 2002, S. 73). Durch einsetzen der berechneten bzw. geschätzten Parameter in die Gleichung des regionalen Multiplikators (Formel 3) ergibt sich schließlich der Multiplikator für das Untersuchungsgebiet (Rosner, 2006, S. 15). Verschiedene Untersuchungen in der Bundesrepublik erbrachten meist Multiplikatoren zwischen 1,0 und 1,7 (ebd.).

3.3 Martin-Luther-Universität Halle-Wittenberg

Wie schon für den Angebotseffekt soll nun auch ein Beispiel für die Wirkung der Nachfrage einer Hochschule vorgestellt werden. Hierzu wird eine Untersuchung von Glorius und Schultz (2002) für die Martin-Luther-Universität Halle-Wittenberg (im weiteren MLU) vorgestellt. Als Untersuchungsregion wurde hierbei der Regierungsbezirk Halle (nachfolgend HRS) festgelegt (Glorius, Schultz, 2002, S. 3). Der Betrachtungszeitraum der Studie bezieht sich hauptsächlich auf das Jahr 2000 (ebd., S. 5), demzufolge sind die Angaben noch in DM, auf eine Umrechnung in Euro wird, aus Gründen der Übersichtlichkeit verzichtet.

Die nachfragewirksamen Ausgaben der Universität und Studenten zeigt die folgende Tabelle.

Tabelle 6: Ausgabenarten und ihr regionaler Verbleib

Ausgabenart	**Hochschulregion Halle,** in Mio. DM, 2000			**Gesamtausgaben**	
	Stadt Halle	**übrige Region**	**Summe**	% von	Mio. DM
Sachausgaben	22,1	2,0	**24,2**	47,2	51,2

Ausgabenart	**Hochschulregion Halle,** in Mio. DM, 2000			**Gesamtausgaben**	
	Stadt Halle	**übrige Region**	**Summe**	**%** von	Mio. DM
Bauausgaben	11,1	11,3	**22,5**	51,6	43,5
studentische Ausgaben	111,1	7,8	**118,9**	76,6	155,3
Ausgaben des Personals	66,1	25,1	**91,2**	81,9	111,4
Gesamt	**210,4**	**46,2**	**256,8**	**70,8**	361,4

Quelle: eigene Darstellung nach Glorius, Schultz, 2002, S. 19

Die Bestimmung der Sach- und Investitionsausgaben erfolgte mittels des Haushaltsplans der MLU und des Jahresabschlussergebnisses des Kultusministeriums (ebd., S. 5). Mit Hilfe der Zahlungspartnerdatei der MLU konnte der regionale und sektorale Verbleib bestimmt werden (ebd., S. 6). Für die Bestimmung der universitären Bauausgaben wurde der jährliche Durchschnitt 1999/2000 gewählt (ebd.). Der Umfang der studentischen Ausgaben wurde mittels einer Befragung ermittelt (ebd., S. 16). Die Personalausgaben wurden mithilfe des Personalamtes der MLU (ebd., S. 8) und der Einkommens- und Verbrauchstichprobe des Landes Sachsen-Anhalt berechnet (ebd., S. 18).

direkte Beschäftigungs- und Einkommenseffekte

Direkte Beschäftigung- und Einkommenseffekte entstehen durch die Anstellung von Personal an der Universität (Glorius, Schultz, 2002, S. 20). Der direkte Beschäftigungseffekt ist also mit dem universitären Personalbedarf gleichzusetzen (ebd.). Zum 01. Januar 2001 hatte die MLU 2452 Mitarbeiter, davon 1140 wissenschaftliche und 1178 nichtwissenschaftliche Vollbeschäftigte (ebd.). Die durch die MLU hervorgerufenen direkten Einkommenseffekte sind mit den Bruttoeinkommen der Beschäftigten, welches in die Region fließt, gleichzusetzen, dieses belief sich auf 156,3 Mio. DM, um diesen Betrag wird das Einkommen der Region erhöht (ebd.).

indirekte Beschäftigungs- und Einkommenseffekte mittels Multiplikatoranalyse

Der Gesamteffekt der Ausgaben wurde mittels Multiplikatoranalyse bestimmt (Glorius, Schultz, 2002, S. 26). Unter Verwendung des regionalen Multiplikators (vgl. Formel 3) wurde für die HSR ein Multiplikator von 1,54 errechnet (ebd., S. 27). Dieser bedeutet, dass pro 100 000 DM hochschulbedingter Ausgaben ein zusätzliches regionales Einkommen von 54 000 DM induziert wird (ebd.). Die studentischen Ausgaben und die Ausgaben des Personals erreichen hierbei die größten Multiplikatoreffekte, was sich mit dem hohen regionalen Verbleib dieser Ausgaben begründen lässt (ebd.). Nach Zusammenrechnen der Ausgaben der Hochschule und ihres Personals sowie der Studenten ergibt sich eine Summe von 321,9 Mio. DM wichtig ist hierbei, dass bei den Ausgaben des Personals mit dem Bruttoeinkommen (156,3 Mio. DM) gerechnet wurde. Der Multiplikator von 1,54 ergibt für die Summe der universitären Ausgaben ein induziertes Einkommen von 172,87 Mio. DM (Glorius, Schultz, 2002, S. 27).

Von dem induzierten Einkommen kann mittels Division durch den durchschnittlichen regionalen Bruttojahresverdienst (46 292,11 DM) der Beschäftigungseffekt ermittelt werden, dieser beläuft sich auf 3734,4 Arbeitsplätze, wovon 2192 auf die Stadt Halle entfallen (ebd., S. 30). Zusammen mit den direkt bei der MLU beschäftigten Personen summieren sich der direkte und indirekte Beschäftigungseffekt auf 6186 Arbeitsplätze (ebd., S. 31).

Das Beispiel verdeutlicht sehr gut die Bedeutung des Nachfrageffektes für die regionale Wirtschaft. Die Zahl von über 6000 Arbeitsplätzen zeigt, dass die Universität ein nicht zu unterschätzender Wirtschaftsfaktor ist, von welchem wichtige Impulse für den regionalen Arbeitsmarkt ausgehen. Insgesamt zeigt sich, dass sich der Nachfrageffekt von Wissenschaftseinrichtungen positiv auf die wirtschaftliche Entwicklung einer Region auswirkt (Roth, 2006, S. 38).

4. Fazit

Dadurch, dass eine Hochschule in der Lage ist, Wissen zu generieren (Diez, 2001, S. 40), regionsexternes Wissen aufzugreifen (ebd., S. 39) und Wissen an regionale Akteure weiterzugeben, kommt ihr im Kontext regionaler Entwicklung und der Relevanz von Wissen als Produktionsfaktor (Maier, Tödtling 2006, S. 107), eine entscheidende Funktion zu.

Besonders hervorzuheben ist, dass eine Universität einer der wenigen Orte zur Ausbildung hoch qualifizierten Humankapitals ist (Diez, 2001, S. 39), welches für die Innovationsaktivitäten der Unternehmen ein unverzichtbarer Inputfaktor ist bei (Rosner, 2006, S. 99).

Die Generierung, Diffusion und Anwendung von neuem Wissen ist unabdingbar für das Entstehen von Innovationen (ebd., S. 111), welche wiederum einen integralen Bestandteil und Motor der wirtschaftlichen Entwicklung darstellen (Thomi, Werner, 2001, S. 202). Gerade aber die Generierung und Diffusion von Wissen sind Aufgaben, welche durch eine Hochschule wahrgenommen werden können (vgl. Abbildung 1), sie haben somit im Innovationsprozess eine wichtige Rolle (Rosner, 2006, S. 8). Die steigende Komplexität von Innovationsprozessen führt zu einer zunehmenden Interaktion und Arbeitsteilung zwischen verschiedenen Akteuren, wobei Forschungseinrichtungen eine wichtige Rolle zukommt (Diez, 2001, S. 39). Insbesondere für wissensbasierte Branchen, wie Biotechnologie, Informations- und Kommunikationstechnologien, ist zudem eine hohe Abhängigkeit von externen Wissensquellen zu beobachten (ebd., S. 114), was im Hinblick auf die Theorie der langen Wellen, die Relevanz einer Hochschule unterstreicht. Um zum räumlichen Zentrum einer langen Welle aufzusteigen (Schätzl, 2001, S. 220), ist es für die Wirtschaft einer Region notwendig, bereits frühzeitig in dem entsprechenden Wirtschaftszweig eine führende Position einzunehmen, was Innovation in diesen Bereichen erfordert. Mit Blick darauf, dass mögliche zukünftige Basisinnovationen wie die Biotechnologie in hohe Maße externes Wissen benötigen (Maier, Tödtling 2006, S. 114) zeigt dieses die Wichtigkeit einer Hochschule. Sie kann entscheidende Impulse für die Entwicklung der Wirtschaft geben (Diez, 2001, S. 40). Zudem hat die ``Antennenfunktion`` einer Universität entscheidende Bedeutung für die innovationsorientierte Regionalentwicklung (Leßmann, Wehrt, 2005, S. 42). Sie bietet die Möglichkeit der Partizipation an der weltweiten Wissensbasis (ebd., S. 43). Diese kann dazu genutzt werden Wissen neu zu kombinieren und daraus eigene Produkte und Verfahren zu entwickeln (ebd.). Zudem kommt es im Rahmen dieses Prozesses oft zur Entstehung regionsspezifischen Wissens, welches durch eine räumliche Beharrungstendenz zum Vorteil im Wettbewerbsprozess werden kann (ebd.).

Abschließend kann gesagt werden, dass der Hochschule in regionalen Innovationsansätzen eine entscheidende Rolle zukommt, sie liefert mit dem Produktionsfaktor Wissen eine entscheidende Grundlage für eine wissensbasierte Regionalentwicklung und bildet demzufolge auch einen entscheidenden Ansatzpunkt für solche Entwicklungskonzepte. Mit Blick auf die zunehmende Herausbildung postfordistischer Produktionsweisen (Thomi, Werner, 2001, S. 216), kann die Existenz einer Hochschule und die Interaktion zwischen regionaler Wirtschaft und ihr entscheidend für eine wissensbasierte Regionalentwicklung sein. Hier bietet die Hochschule die Möglichkeit, durch einen ständigen Nachschub an Wissen, den Innovationsprozess innerhalb der Wirtschaft aufrecht zu erhalten oder zu beschleunigen und damit die Wettbewerbsfähigkeit einer Region zu sichern bzw. zu verbessern.

Wie das letzte Beispiel 3.3 Martin-Luther-Universität Halle-Wittenberg zeigte, kann neben dem Angebot einer Hochschule auch die durch eine Universität ausgelöste regionale Nachfrage einen wichtigen Beitrag zur wirtschaftlichen Entwicklung beitragen und besonders kurzfristig zur Legitimation der Universität dienen.

Quellenverzeichnis

BACKHAUS, A. (2000): Öffentliche Forschungseinrichtungen im regionalen Innovationssystem. Verflechtungen und Wissenstransfer – empirische Ergebnisse aus der Region Südostniedersachsen. Hannover (Hannoversche Geographische Arbeiten, Band 55).

BEYER, F.; MAIER, B.; MILDE, A.; SCHANZ-SURIE, C. (2001a): Erfassung von Bau-, Investitions- und Sachausgaben. In: BATHELT, H.; SCHAMP, E. W. [Hrsg.]: Die Universität in der Region. Frankfurt/Main, S. 17 – 21. (Frankfurter Wirtschafts- und Sozialgeografische Schriften, Band 71).

BEYER, F.; MAIER, B. (2001b): Regionale Wirksamkeit universitärer Bau- und Investitionsausgaben. In: BATHELT, H.; SCHAMP, E. W. [Hrsg.]: Die Universität in der Region. Frankfurt/Main, S. 45 – 57. (Frankfurter Wirtschafts- und Sozialgeografische Schriften, Band 71).

CLERMONT, C. (1997): Regionalwirtschaftliche Effekte von Wissenschaftseinrichtungen. Theorie, Meßkonzepte und Ergebnisse für Hamburg. Frankfurt/Main. (Europäische Hochschulschriften, Reihe V, Band 2180).

DIEZ, J. R. (2001): Zur Bedeutung von öffentlichen Forschungseinrichtungen in innovativen Netzwerken. Empirische Befunde aus den metropolitanen Innovationssystemen Barcelona, Stockholm und Wien. In: GROTZ, R.; SCHÄTZL, L. [Hrsg.]: Regionale Innovationsnetzwerke im internationalen Vergleich. Münster, S. 39-58. (Wirtschaftsgeographie, Band 20).

FRANZ, P.; Rosenfeld, M.; Roth, D. (2002): Was bringt die Wissenschaft für die Wirtschaft einer Region. Empirische Ergebnisse zu den Nachfrageeffekten und Hypothesen über mögliche Angebotseffekte der Wissenschaftseinrichtungen in der Region Halle. Halle. (Institut für Wirtschaftsforschung Halle, Diskussionspapiere, Band 163).

GLORIUS, B.; Schultz, A. (2002): Die Martin Luther Universität als regionaler Wirtschaftsfaktor. Halle. (Hallesche Diskussionsbeiträge zur Wirtschafts- und Sozialgeografie, Band 1).

GRIEBEL, K.; Schuhmacher, C. (2001): Erfassung universitärer Personalausgaben. In: BATHELT, H.; SCHAMP, E. W. [Hrsg.]: Die Universität in der Region. Frankfurt/Main, S. 23- 28. (Frankfurter Wirtschafts- und Sozialgeografische Schriften, Band 71).

HAGEN, M. (2006): Wissenstransfer aus Universitäten als Impulsfaktor regionaler Entwicklung. Ein institutionenökonomischer Ansatz am Beispiel der Universität Bayreuth. Bayreuth. (Arbeitsmaterialien zur Raumordnung und Raumplanung, Band 246).

HAUPT, H.; OBERHOFER, W. (2000): Regionaler Wirtschaftsfaktor Universität. Die andere Seite der Ausbildungs- und Forschungseinrichtung am Beispiel der Universität Regensburg. In: BRAUN, G.; VOIGT, E. [Hrsg.]: Regionale Innovationspotentiale von Universitäten. Rostock, S. 67 – 84. (Rostocker Beiträge zur Regional- und Strukturforschung, Band 15).

HECHT, M. (2000): Innovationspotenziale in der Region. Die regionalwirtschaftliche Bedeutung der Universität Greifswald. In: BRAUN, G.; VOIGT, E. [Hrsg.]: Regionale Innovationspotentiale von Universitäten. Rostock, S. 135 – 150. (Rostocker Beiträge zur Regional- und Strukturforschung, Band 15).

KOSCHATZKY, K. (2001): Räumliche Aspekte im Innovationsprozess. Ein Beitrag zur neuen Wirtschaftsgeographie aus Sicht der regionalen Innovationsforschung. Münster. (Wirtschaftsgeographie, Band 19).

LEßMANN, G.; WEHRT, K. (2005): Der Standorteffekt ostdeutscher Hochschulen. Verbesserung der Humankapitalbasis durch mehr Studienplätze? In: Zeitschrift für Wirtschaftsgeographie, Jg. 49, Heft 1, S. 42-49.

MAIER, G.; TÖDTLING, F. (2006): Regional- und Stadtökonomik 2. Regionalentwicklung und Regionalpolitik. 2. Auflage. Wien.

Niermann, U.; NIERMANN, S. (2000): Die Universität als Wirtschaftsfaktor. In: BRAUN, G.; VOIGT, E. [Hrsg.]: Regionale Innovationspotentiale von Universitäten. Rostock, S. 85 – 104. (Rostocker Beiträge zur Regional- und Strukturforschung, Band 15).

ROSENFELD, M.; FRANZ, P.; ROTH, D. (2005): Was bringt die Wissenschaft für die Wirtschaft in einer Region? Regionale Innovations-, Wachstums- und Einkommenseffekte vom öffentlichen Hochschulen und Forschungseinrichtungen am Beispiel der Region Halle. Baden-Baden. (Schriften des Instituts für Wirtschaftsforschung, Band 18).

ROSNER, U. (2006): Regionalökonomische Effekte von Hochschulen. Theorie, Messkonzepte und Wirkungsweisen am Beispiel der Otto-von-Guericke-Universität Magdeburg und der Hochschule Magdeburg-Stendal (FH). Magdeburg.

ROTH, D. (2006): Die Wissenschaftseinrichtung als Standortfaktor. Eine handlungsorientierte empirische Untersuchung über das Wissenstransferpotenzial in einer Region, dargestellt am Beispiel der Wissenschaftseinrichtungen in der Region Halle. Halle (Institut für Wirtschaftsforschung Halle, Sonderheft, 2006, Heft 4).

SCHÄTZL, L. (2001): Wirtschaftsgeografie 1. Theorie. 8. Auflage. München.

THOMI, W.; WERNER, R. (2001): Regionale Innovationssysteme. Zur territorialen Dimension von Wissen und Innovation. In: Zeitschrift für Wirtschaftsgeographie, Jg. 45, Heft 3-4, S. 202-218.